星出版

新觀點
新思維
新眼界

避免工作無效圖鑑

やめるだけで成果が上がる 仕事のムダとり図鑑

圖鑑

超強社長的70個工作術

—— 岡田充弘 著 　賴詩韻 譯 ——

本書內容一覽

職場裡，存在著非常多我們平常沒有意識到的無效行為，這本書要向大家一一介紹這些隱藏在職場中的各種「無效行為」，告訴大家如何消除這些無效行為！

START

第1章 溝通篇

不清不楚的指令、無意義的報連相、一大堆電話和郵件……等，我來告訴大家，如何讓這些職場溝通變得超有效率！

第4章 文書作業篇

一直重複相同的工作、手動輸入資料到電腦、耗費大量時間製作資料、日常定型業務……我來告訴大家，如何讓繁瑣庶務變簡單！

第2章 人際關係篇

公司派系、人際關係、招待、聚餐喝酒……我來告訴大家，如何巧妙擺脫這些束縛自由和時間的桎梏！

第3章 會議篇

開會冗長、無人發言、決策事項沒有執行……我來分享如何結束這類無效會議，讓你們在短時間內開會變得很有效率！

第5章
工作環境篇

無法保持專注、要找的東西太多、想不出好的構想……我來分享一些整理工作環境的訣竅，幫你把這些煩惱一掃而空！

第6章
時間管理篇

無法決定工作的優先順序、很多事項退回重做、事情不照計畫進行、得花很多時間判斷……我來説明如何消除這些無效行為，創造更多時間！

第7章
電腦設定篇

公司電腦超級慢，等得超級火大！其實，只要改變電腦的一些設定，就可以消除空等的焦慮。我來教大家如何不花一毛錢，就提升電腦的速度！

第8章
資訊搜尋篇

Google除了搜尋，還有什麼功能？如何避免更新到舊的文件檔案？我來分享如何更有效率地搜尋資訊，讓重要情報瞬間到手！

GOAL

建議大家，一定要從感興趣的地方開始看起喔！

CONTENTS

第 1 章

讓溝通變得簡單有效
溝通篇

第**2**章

消除不必要的壓力
人際關係篇

第**3**章

如何才能事半功倍
會議篇

第 **4** 章

讓麻煩作業變得簡單

文書作業篇

第5章

讓注意力不再中斷
工作環境篇

第6章

不再「好忙」、「做不完！」
時間管理篇

第 **7** 章

不花錢就讓公司電腦擁有超高效率
電腦設定篇

第8章

如何立馬取得想要的資訊
資訊搜尋篇

職場上，到處隱藏著
浪費時間或資源的無效行為

無人發言，毫無結論的會議。

總是收到與自己的工作毫不相關的「Cc」（副本）郵件。

心裡想著「這個資料明明可以用電腦打一打就好的……」，卻繼續維持手寫的方式。

同樣的事，卻被要求進行好幾次的「報連相」──報告、連絡、相談。

只是開個電腦，就要花上好幾分鐘……。

在辦公室，到處都隱藏著這些浪費時間或資源的「無效行為」。

最近，愈來愈多人提到要改變工作方式，探討如何提高生產力，我卻沒聽說有哪間公司或個人具體上做出了什麼樣的改變，或是達到了什麼樣顯著的成果？

到底為什麼，人們總是無法停止無效的行為呢？

是個人意志的問題嗎？

還是公司體制的問題呢？

應該有許多人是因為「明知道是無效行為，卻因為拘泥於經年累月的習慣或文化，而無法做出改變」吧！

不過，最大的原因應該是：大家對於眼前所見的無效行

為，根本毫無察覺所致吧？也就是說，大家並沒有意識到，原來自己的周遭充斥了隨處可見的無效行為。

我在本書列舉了我想提醒大家注意的70個工作上的無效行為，說明如何避免的方法。

為什麼我能夠告訴大家杜絕無效行為的祕訣呢？那是因為，我曾經透過杜絕無效行為的方法，成功挽救了瀕臨破產的公司。

我現在經營數家公司，包括顧問公司「canaria」，這家公司負責運用數位技術來改革工作方式或制度，另一家則是「@Black_cats_cube」，這家企劃公司主要透過解謎活動活絡企業或地方。

當初，我以外部團隊的方式參與「canaria」的經營時，「canaria」正瀕臨破產危機。

當時的「canaria」並不是顧問公司，而是一家製造商，專門製造攝影機的遙控裝置。當時的辦公室，堆滿了紙張、文具、零件和廢棄物品。

那個場景，堪稱無效行為的大本營，放眼望去，全是一片浪費。

於是，我下定決心：「要讓這些無效行為，全部消失得無影無蹤！」我開始堅持落實杜絕無效行為的方法，從辦公室的大清理開始，到收發郵件的方法、如何開會、IT的活用等，全面避免工作上無效行為的發生。

結果，公司的支出、庫存、加班、電費都逐漸減少了。辦公空間和年輕員工愈來愈多，公司逐漸形成了良好的循環

風氣。

最後，我們的業績起死回生；不知不覺中，借款也全數清償了。

在這個過程中，我並沒有大肆進行改革，我所做的，只有「徹底杜絕無效行為」而已。

透過杜絕無效行為，我們才得以運用手邊剩餘的少量時間和金錢，創立新的事業。最顯著的成果就是，我開始經營另一家公司 ── 設計解謎活動的企劃公司「@Black_cats_cube」。

「@Black_cats_cube」創立後，杜絕無效行為的經驗，馬上得以複製。就連創業初期最容易遇到的混亂狀態，我們也都安然度過，邁入了穩健的成長期。創業六年後，現在我們的「@Black_cats_cube」，在設計解謎活動的業界裡，已經是一間小有名氣的公司了。

此外，曾經是製造商的「canaria」，現在也進化成一家專門協助企業杜絕無效行為的顧問公司了。

現在的我，工作和生活都沒什麼太大壓力纏身，真的很幸福。雖然我同時經營兩家公司，並且擔任一些企業或團體的顧問，但我基本上在晚上六點就會下班。之後的時間，我就用來發展自己的興趣，我會練習鐵人三項，或是和朋友聚餐等，把「多出來的」時間用來「鍛鍊自己」或「經營人際關係」。

雖然花了很多時間，但就我本身來講，「杜絕無效行為」這件事，真的可以說是拯救了我的人生。

這本書分享給大家的各種祕訣，都是出自我個人的親身

經驗。當然，IT的相關技巧日新月異，我們即時更新資訊，也請大家多多關注、學習新的技巧。

辦公室或工作上的無效行為，其實存在多種形式，除了眼睛看得到的部分，還有一些不那麼明顯可見的潛藏細節。

這些有形無形的無效行為，一直在耗損時間、金錢、空間等個人或社會資源，讓無數的工作者徒增壓力。

工作上的無效行為就算稍微減少，只要有絲毫鬆懈，又會漸漸故態復萌，因此我們應該保持「定期掃除」的習慣，主動有意識地消除無效行為。

為了讓大家不要因為同樣原因煩惱，我透過這本書，向大家揭露潛藏在辦公室或工作上的無效行為，並且分享消除這些無效行為的方法，這就是這本書的宗旨。

但是，如果過於嚴肅談論這個話題，可能會讓大家覺得提不起勁吧！所以，我在書中大量運用圖解，讓大家覺得「對啊，我好像也有這種毛病！」，教大家用類似「抓bug」的方式，體驗到將這些無效工作方式一網打盡（解決）的喜悅。

希望各位閱讀這本書很愉快。

你準備好了嗎？

請跟我一起邁向辦公室這座大森林，共同進行一場杜絕無效行為的大冒險吧！

2019年2月
岡田充弘

讓溝通變得
簡單有效

溝通篇

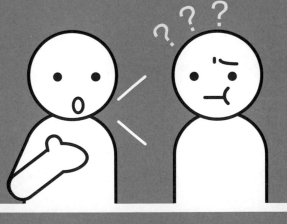

交辦別人的工作，
最後總是變得一塌糊塗

　　委託別人做的工作，眼看著截止期限要到了，卻一點消息也沒有，因此詢問對方：「拜託你做的那件事，做得如何了？」對方卻回答：「因為○○，所以耽誤了。」「我還沒開始做耶。」「啊！我忘了。」你是否聽過這樣令人抓狂的回答？

　　有時候，你甚至可能聽到這種更過分的回答：「你沒交代過我做這樣的事啊！」工作上，爭論「有說沒說」是無意義的事，只要產生一些小摩擦，辛苦累積至今的信賴關係，很可能一下子就瓦解了。

　　從委託者的立場，當然會設想對方能夠在期限前，完成一定品質的工作成果；但實際上，我們應該都常遇到不如預期的情況吧。許多我身為上班族時從未思考過的溝通問題，在我開始經營小公司之後，就遭遇了無數次。

● 溝通問題發生的原因，大多來自「口頭約定」

　　追究問題發生的原因，答案其實很簡單，那就是你委託別人做事，大都僅止於口頭約定而已，沒有把委託內容明確地記錄下來。

　　從我意識到這個關鍵之後，只要我和他人約定，不管是多小的事情，我都會確實留下紀錄。

　　我試過很多種方法，除了正式文書或契約書，我發現郵件是最簡單有效的工具。在我們公司，舉凡公司內部的決定事項、批准事項，或是公司之間的生意往來等，無論是多小的事情，我們絕對不會僅做口頭約定而已，事後我們一定會發送郵件給相關人員，留下明確紀錄。

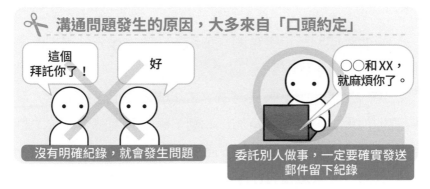

✂ 溝通問題發生的原因，大多來自「口頭約定」

> 這個
> 拜託你了！

> 好

沒有明確紀錄，就會發生問題

> ○○和XX，
> 就麻煩你了。

委託別人做事，一定要確實發送
郵件留下紀錄

　　如果使用郵件工具統一管理，透過搜尋功能，還可以輕易找出過去的資料。Skype、Messenger、Line等工具，做為即時溝通雖然很方便，但從留存證據或長期記錄訊息的角度來看，卻比較不利於搜尋和瀏覽，所以我不建議大家利用這些工具保存訊息。

　　對外連絡的事情，如果當下無法馬上使用郵件，建議可以把討論的畫面截圖下來，或是將原文複製貼上，事後再用郵件傳給對方。

　　此外，對於那些事後可能會經常回溯查詢的案件內容，除了郵件以外，建議大家還可以將內容轉存到Excel的管理清單，放到共用資料夾進行管理。

　　不管是多小的約定，最好從平時開始，就養成保留數位證據的習慣喔！

無法交辦工作給別人，
最後都是自己做

　　有些人明明忙得不可開交，卻無法將工作分給別人做，只好自己一肩承擔下來。

　　將大量工作攬下來自己做，工作成效不但可能下降，還會讓你加班加不完。連續加班的話，睡眠時間就會減少，睡眠不足會導致工作效率變差，最後導致工作愈積愈多……。

　　我想，陷入這種惡性循環的人，應該不少吧！

　　和自己動手做不同，拜託別人做事是有一些難度的。

　　不擅長開口請別人幫忙的人，過去在拜託別人幫忙時，一定有過不愉快的經驗吧？由於「不想給別人添麻煩」，或是「自己的事情得自己處理」，會這樣想的人，應該有不少是責任感很強的人，能夠為別人著想，才不願將工作交給別人的吧？

　　雖說如此，為了避免工作無效、提高生產力，我們都必須好好學習交辦的技巧。

　　其實，對方是否把你交辦的工作放在心上，並且在規定的時間內，完成一定品質的工作成果，完全取決於「你是如何交辦工作的」。所以，就要看交辦工作的人，有多深的功力了。

　　至今，我曾與各式各樣的人共事過，我發現想要督促對

方行動，確實是需要一些方法和訣竅的。

在這裡，我要簡單說明為什麼受託者遲遲不行動，並且分享三種督促、協助的方法。

❶ 先將工作加以分割，再交給別人做

文書工作或協調性質的工作等，誰都會遇到這類讓人提不起勁的工作，當被要求做這類無聊的工作時，即使明知道非做不可，行動上卻往往推遲沒有進展吧。

換句話說，只要在這些癥結上面「進行一些改善」，就得以解決六成的問題了。

針對這種情況的交辦訣竅，就是盡量讓交辦內容變得「愈簡短、愈小批量」愈好。

像文書工作等需要時間和精力的事情，建議不要一次交代太多項，最好是簡單的事項一件一件交辦下去。

如果是牽涉到困難的利害協調等人際關係事務，就拜託對方進行簡單傳達就好。

如果是長期的任務，就盡可能將任務分割成幾個小項目，並要求對方逐一提出詳細報告。

如此一來，只要按部就班進行，事情就能夠逐漸步上軌道。

此外，當你發現對方好像做得很厭煩時，也可以適時穿插一些「小任務」，例如把不要的紙箱拆開丟掉，讓對方改變一下心情。設計一些誘導行動的「有趣圈套」，也是交辦工作的訣竅之一喔！

❷ 和對方一起排除障礙

人不想行動的理由，有千百種。

其中，如果還得兼顧其他工作，或是一些私人事務時，一個人很容易感到不知所措吧。

遇到這種情況，我們要做的，就是協助對方、與對方共同排除障礙，或是坐下來好好談一談。

就算最後無法完全解決問題，也會加深彼此的信賴。藉由這種契機，使得對方的行動意願提升，反而可能出現意想不到的正面效果。

❸ 配合對方的能力，調整交派工作的難易度

我們當然都知道，每個人並非十項全能，總會遇到不擅長的工作。

因此，在委託工作時，要先清楚對方的能力，視事情的難易度，交辦對方能力所及的任務，這是非常重要、有效的關鍵。

如果對方是部屬，逐漸交辦困難的工作，有助於培養對方的自信。

慢慢擴大委託工作的範圍，再逐漸調高要求的標準，這樣對方應該可以逐漸跟上。

不擅長請託他人做事，或不擅長要求別人做事的人，要更有意識去觀察對方，然後進行適當提醒或協助，或許就會產生截然不同的結果喔。

交辦工作的三項訣竅

❶ 先將工作加以分割，再交給別人做

這個部分就麻煩你了

Work

❷ 和對方一起排除障礙

○○工作用△△方法試試看如何？

這樣或許可以喔！

❸ 配合對方的能力，調整交派工作的難易度

中

高　低

難易度

這件事他好像不大能夠勝任？

總是被不清不楚
的指令折騰得很慘

　　我在前文以「如何把工作交辦他人」為題，跟大家分享我的經驗，本文則是要跟大家分享完全相反的主題，我想告訴大家，當別人把工作交給你的時候，要怎麼處理應對才好。

　　如果別人交辦工作給你，有固定的形式，或是像前文談到的，是很有方法、很有程序地交辦工作給你，那當然就不用擔心。不過，綜觀大部分的情況，每個人交辦工作的方式大不相同。

　　其中，「那個啊，你自己看著辦就好，麻煩你了！」，有些人在交代工作時，經常交代得不清不楚，這是非常危險的做法，最後往往會衍生出不少問題。

　　經常把工作交代得不清不楚的人，應該有不少是連自己也不大清楚該怎麼做最好。有些人則是把不好做的工作，故意說得不清不楚，就胡亂交給你也說不定。

　　不清不楚、糊里糊塗接下工作後，如果出了問題，你可能會莫名其妙被要求負起責任。因此，**如果對方交代工作的意圖很不明確，你應該要鼓起勇氣拒絕對方，這是很重要的。**

　　不過，你目前面對的工作，是目的不明的高風險工作，還是會讓你有所成長的高難度工作？我想，這兩者應該是很難分辨出來的。

● **承接工作時，必須注意的6項要點**

　　承接工作時，如果有不清楚的地方，或是目的很不明確，一定要把你的疑慮釐清才行，這也是為了能把對方交辦的工作做得更好。

　　承接工作時，請先釐清下列六點。

❶ 目的和達成目標為何？

❷ 期限是什麼時候？在最壞的情況，可以延期到什麼時候？

❸ 計畫為何？具體而言，是按照什麼樣的程序進行？

❹ 制定計畫的時候，是否有特別擔心和必須考慮的要點？

❺ 這項工作會接觸到哪些利害關係人或合作者？

❻ 許可的預算範圍或上限為何？

　　工作和食物一樣，會隨著接受的內容或方式的不同，影響到最後變成毒素或營養。

　　為了自己、也為了對方著想，你不能對別人交辦的工作一味承接下來，一定要事先確認工作的目的和意圖才好。

被無意義的「報連相」（報告、連絡、相談）搞得精疲力盡

在日本職場，大家經常掛在嘴邊的「報連相」，就是「報告、連絡、相談」的簡稱。雖然大家都很熟悉這個詞彙，但在實際工作上，由於「報連相」的定義不甚明確，似乎很少人可以活用得很好。

在我們的工作中，其實存在了許多無意義的「報連相」。即使現在的時代背景或技術，已經和以往大不相同，人們對「報連相」的運用方式，仍然一成不變。

其中，有些上司對待部屬，往往僅是為了彰顯自己身為上位者的身分，便要求部屬對自己進行「報連相」。

明明用郵件就可以把資料傳給所有相關人員，卻被上司責罵：「為什麼不向我報告！」，許多人應該都有過這樣的經驗吧。

將這種情況視為理所當然的職場環境，我認為應該要好好檢討「報連相」的定義和使用時機才對。

所謂「報連相」，原本是為了讓公司內部保持適當的「訊息交流」，才設定的溝通原則。

在這裡，我想針對「報告」、「連絡」和「相談」的真正含意，以及使用的時機，跟大家簡單說明一下。

❶ 報告

　　所謂「報告」，就是針對上司的指示和囑託，部屬加入自己的見解，讓上司了解工作的「經過和結果」。

　　透過報告，上司可以掌握狀況，用來檢討或判斷下一項對策。

　　藉由向上司報告，部屬如果在執行工作時搞錯了方向，上司也可以即時發現錯誤，加以修正。如此一來，就可以消除一些時間、人力上的無效行為。

　　在我們公司，內部報告不需要面對面，基本上，大都只要用郵件報告就可以了。

　　而且，**不同的工作職掌，接收到的報告內容也會不一樣**。舉例來說，身為經營者的我，接收到的報告就會是「金錢或數字相關的重要指標」，或是「重要課題的相關進度訊息」。

　　營業或製作等的細節資訊，透過副本郵件，或是透過共用資料夾的管理，就可以充分掌握，所以我們不會特意要求同事報告。

❷ 連絡

　　所謂「連絡」，是針對資料的存放位置或活動日程等，**僅限於把「事實訊息」傳達給上司或同事。「連絡」的工作，絕對不能參雜任何個人意見或臆測。**

　　「連絡」，是「報連相」裡面使用頻率最高的，因此接收訊息的人，必須有效率地對這些訊息進行取捨，僅留下對自己必要的訊息就好。

在我們公司，每天頻繁往來非常多的連絡郵件，但我們撰寫郵件的方式都很簡潔，寫作原則也很統一，著重讓收件人快速掌握訊息，以進行下一步的工作。

❸ 相談

所謂「相談」，是當部屬不知道如何判斷，想要聽取客觀意見時，透過向上司說明情況，然後徵求建議的行為。

尤其在遇到可能超出公司內部原則的案件，或是那些遇到難題的相談，最好透過面對面的形式，才能夠更準確傳達彼此所要表達的意思。

還有，想和上司面對面相談，最好事先用郵件預約，即使是直接開口請求，也要客氣地請教上司：「請問您現在有時間嗎？」，至少要有這種最基本的禮貌才行。

我認為，根深蒂固傳統形式的「報連相」應該減少，然後善用數位或網路，建立一套全新形式的職場溝通模式。

一旦減少口頭或面對面的溝通，或許有些人會覺得「公司內部的溝通機會將因此減少」而感到排斥吧。

不過，為了節省上司和部屬彼此寶貴的時間，如果能夠更有效率地進行「報連相」，職場的溝通品質也會有明顯提升。**隨著溝通品質明顯提升，減少面對面的機會，彼此的人際關係或許能夠維持得更圓滿也說不定。**

傳統「報連相」的溝通方式，也到了應該順應時代變遷，進行升級的時候了。

重新檢視「報連相」的定義

① 報告

針對上司的指示，部屬加入自己的見解，讓上司了解工作的「經過和結果」

用郵件報告就OK了

② 連絡

僅限於把「事實訊息」傳達給上司或同事

我是這樣想的……

絕對不能參雜任何個人意見或臆測

③ 相談

在不知道如何判斷，想要聽取客觀意見時，透過向上司說明情況，然後徵求建議

我遇到一些問題了！

尤其是遇到難題時的相談，最好透過面對面的形式

沒有事先釐清匯報關係

「我怎麼不知道有這樣的事！」

「這件事，你怎麼不早點告訴我？」

我在日系大企業工作時，經常聽到這種經典對白。直到現在，我都還清楚記得，當時那種當夾心餅乾、兩面不是人的痛苦場景。我現在知道，不管是大公司還是小公司，這種劇情應該都經常上演。

公司也好，專案也罷，只要規模愈大，訊息一定更難妥善傳達。一不小心，就會發生不幸的差錯，然後引發極大的麻煩……。

為了避免這種情況發生，應該先釐清公司或專案的「匯報關係」（報告或訊息共享的對象）才是。

隨著狀況或內容不同，匯報關係也會完全不一樣。

● 釐清匯報關係

以專案工作的例子來說，如果是預算等與金錢相關的事項，就必須找「專案負責人」或「委員會」提出報告或商討。

關於專案進度或品質等的相關事項，就要找「專案經理」（現場督導）做匯報。

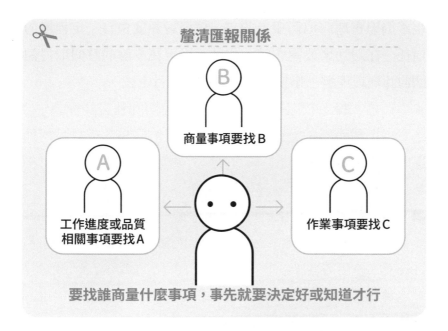

要找誰商量什麼事項，事先就要決定好或知道才行

諮詢第三方的專案意見，要找「專案顧問」。

作業內容的相關事項，要找「小組成員」（執行作業的人員）。

我說的「匯報關係」，大概就是這樣的意思。

像這樣的關係線，要事先就決定好或知道，才不至於大家遇事就一片手忙腳亂，相關訊息的共享也才能夠更順利。

此外，報告或相談等事宜，一般都在會議等公務場合進行，或是用郵件和文書等形式記錄下來。不過，如果可以選用比較輕鬆休閒的方式，譬如在走廊站著閒談，或是邊用餐邊談事情的話，或許會有更好的成效喔。

對於往來密切的利害關係人，如果連一些很小的事項，

也都很忠實地向他們報告的話，他們對你就會有一定程度的信任。在遇到緊要關頭時，你就不用再花多餘的時間取得他們的認同或理解，事情也能夠更順利進行下去。

順道一提，我這裡所指的「往來密切的利害關係人」，不單指上司而已，還包括參與該項工作的同事，或是公司外部的相關人員。

●「To」、「Cc」、「Bcc」的使用方式

在用郵件報告時，大家往往不大清楚「To」、「Cc」和「Bcc」的使用方式。

實際上，有非常多人都搞錯了「To」、「Cc」和「Bcc」的使用方式，我在這裡一併向大家說明一下。

基本上，「To」（收件人）是在對直接的利害關係人發訊時使用的。

有些人會用「To」傳送報告郵件給好幾個人，但是這樣做的話，責任歸屬就會變得不明確，應該盡量避免這種做法。

如果要用「To」對好幾個人傳送郵件，有些內容就應該事先傳達清楚才好。比方說，後續動作是要進行委託或相談，要拜託誰執行什麼事，或是告訴對方不需要有任何行動，只是單純的訊息共享而已。

接下來談「Cc」（副本）。「Cc」的用途，就是你認為某些對象有必要了解一下報告內容，所以把這些人設定為「Cc」收件人。

收到「Cc」郵件的人，基本上沒有採取行動或回信的責任。

To、Cc、Bcc 的差異

名稱	回信責任	彼此的連絡方式	主要用途
To	有	顯示	• 連絡或指示對方必須回信或採取行動
Cc	無	顯示	• 與責任者以外的人共享資訊
Bcc	無	隱藏	• 與責任者以外的人共享資訊 • 同時對不特定多數人傳達訊息

　　「Bcc」和「Cc」一樣，收件人不需要對報告內容進行回信，也沒有執行責任。「Bcc」的傳送對象，是可以對「To」或「Cc」的對象保密的。**「Bcc」的主要功能，就是將相同訊息同時傳達給不特定的多數人。**

　　有些人可能會覺得這些細節很麻煩費事，但是先把匯報關係搞清楚，再根據匯報關係進行報連相，可以避免很多問題。從結果來看，將為大家省下許多寶貴的時間，還請大家謹記於心。

工作上大家很少就事議論，幾乎都是單調回答問題而已

「那款最新推出的手機，聽說拍照功能很強耶！」

「我覺得B案比較好，你覺得呢？」

「那份資料，放到哪裡去了呢？」

職場上，我們每天都在進行各種談話溝通，但其中究竟有哪些是真正有價值的溝通呢？大家應該很少意識到這個問題吧。

提升職場的溝通品質，也是去除職場無效行為的重要方式。

職場上的溝通，可以分成三大類：傳達訊息、議論和回答問題。

❶ 傳達訊息

所謂「傳達訊息」，是資訊傳達者考量到接收者的利益，把想要共享的訊息，單方面傳達給接收者。傳達的內容，往往具有一定價值。

❷ 議論

所謂「議論」，是指擁有不同經驗和見解的夥伴，彼此交換意見的行為。透過「議論」，雙方的視野得以拓展，衍生出新的價值。

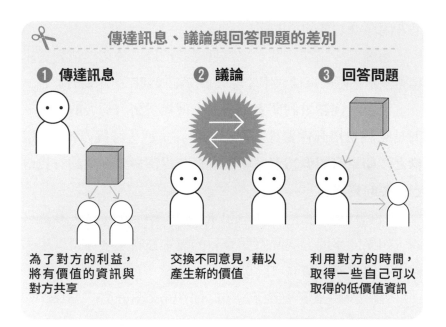

✂ 傳達訊息、議論與回答問題的差別

❶ 傳達訊息　　　**❷ 議論**　　　**❸ 回答問題**

為了對方的利益，
將有價值的資訊與
對方共享

交換不同意見，藉以
產生新的價值

利用對方的時間，
取得一些自己可以
取得的低價值資訊

❸ 回答問題

　　比較有問題的是「回答問題」這件事，雖然這類溝通或許也有一些有價值的資訊，但大部分都是一些不需要加以思索的單純訊息居多。這些單純的「回答問題」，尤其是重複發生的話，往往會消耗對方的時間或注意力。

　　為了提升職場的溝通品質，我們應該減少這類重複性的「回答問題」，提高「傳達訊息」或「議論」的比率才對。

● 如何減少重複性的「回答問題」？

　　職場上很多重複性的「回答問題」，都是「那個檔案在哪裡？」，「影印紙沒了，要找誰？」這類問題，都是提問

者在問自身想要知道的訊息。

　　想要減少這類詢問，平常就應該把這些公司內部相關訊息整理歸納好，這樣大家才能夠很快地找到自己想要的資訊。

　　而且，建議被詢問者不要馬上就提供對方想要的資訊，而是應該利用郵件傳達「訊息的所在」或「尋找方式」，這樣之後如果有類似情況，就可以溫和提醒對方，主動尋找自己想要的資訊。

　　「訊息的所在」，指的是URL或檔案存取路徑。舉例來說，如果同事問你商品行銷資料的檔案在哪裡，你可以用郵件告訴他位置，讓他自己尋找。

　　「請透過這個路徑查詢：\\canaria\marketing\…….xlsx。」

　　提供連結給對方，對方才可以學習如何主動尋找資訊；如此一來，像這種無法直接產生價值的「單純回答問題」，想必就會逐漸減少了吧。

　　關於「尋找資訊的方法」，遇到有人提問的時候，你也可以用郵件告訴對方，如何利用Google輸入關鍵字進行搜尋，或是善用電子郵件的搜尋功能等。

　　「你可以輸入○○和XX的關鍵字搜尋看看，或許會找到你想知道的訊息。」

　　在我們公司，如果公司內部的資料無法在10秒內找到的話，我會透過「訊息整理」、「更換IT設備」或「加強員工的資訊素養」等方式進行改善。

　　或許是因為實施這樣的做法，我們幾乎可以一整天都安靜、專注地進行工作，同事之間的交談，大都是「顧客應

對」、「交換意見」，或「講一些互相消遣的小玩笑」等有價值的內容居多。

　　重複性的單純提問減少了以後，你就可以明顯感覺到，同事之間的談話素質也跟著提升了。

忙著代轉電話，
手上工作只得延宕

　　當你忙得不可開交的時候，往往來了一通電話，迫使你必須放下手邊的工作。如果對方是找自己的，那也就算了，但很多時候打來的都是要你代轉電話的，真是令人洩氣！

　　如果要找的同事不在位置上，對方經常會說明來電用意，我們就要寫留言請同事回電，或是發郵件轉告同事等，衍生出一堆相關作業。

　　讀到這裡，或許你會覺得這些事沒什麼大不了呀！但是，這些瑣碎的小工作累加起來，像灰塵一樣愈積愈多的話，就會成為不小的負擔呢！

　　首先，這種專注力每次都被打斷的事，次數一多可真是令人無法忍受，而且可能拖累公司整體的產能！

　　其實，只要稍微花點心思，就能大幅減少這種問題喔！在這裡，我要向大家介紹四種解決這個問題的方法。

❶ 事先把專線或手機號碼告知對方

　　最傳統的做法，就是在名片印上專線或手機號碼，請對方這樣連絡自己。

　　不過，有別於總機電話，專線或手機號碼必須另外花費成本，所以還是要看所屬公司是否有這些預算。

❷ 轉接電話之前，把同事的專線或手機號碼告訴對方

事先取得同事的許可，當電話打來的時候，就可以把同事的專線或手機號碼告訴來電者，這樣也可以減少轉接電話的次數。

不過，為了不讓來電者覺得有「被踢皮球」的負面感受，第一次我們就幫忙代轉電話，然後請對方下次可以直接致電當事者，這樣的做法比較聰明、圓滑喔！

❸ 在郵件中寫下「麻煩請用郵件連絡」

如果事先在郵件中寫明「因為經常不在位置上，所以請您用郵件連絡」，這樣也可以減少電話的轉接作業，讓對方直接用郵件連絡到正確窗口。在名片上印上這行話，也有同樣的效果。

不過，如果對方希望可以用電話立刻溝通的話，那就愉快地配合他們吧！

❹ 明確表示謝絕電話連絡

乾脆表示謝絕電話連絡，這也是一種方法。

最近，有愈來愈多的IT企業，以提升應對效率及保存紀錄為由，要求外部一律透過網頁連結連絡，或是利用線上即時通訊軟體連絡。

為了打造一個沒有代轉電話的清爽職場環境，請大家盡快採取相關的改善行動吧！

每當想要集中精神工作時，就會有人過來聊是非

先前，帶有正面意涵的「ワイガヤ」（waigaya）一詞，曾經流行過一段時間。這個詞彙的意思，是用來形容公司內部「吱吱喳喳」，大家討論得很活躍，因此衍生出許多新的構想。

不過，我覺得還是要看時機和實際狀況吧！

如果是為了產生更多樣化的意見或構想，大家一起討論、進行腦力激盪的話，或許是很不錯的做法。但如果是從事思考工作，必須集中注意力作業的人，周圍如果一直「吱吱喳喳」的話，就無法保持專注力了。

那樣的話，就會造成公司整體的損失了吧。

此外，突來的電話或上司突然交辦的事情，讓你的注意力被打斷了，任誰都應該有過這樣的經驗吧？

專注力一旦被打斷，要回到原本的狀態，可能要花上一段時間。因此，如果專注力不被打斷，能夠盡量長時間保持專注，從效率上來說，應該是最理想的狀態吧。

為了集中注意力，我們可以從「改變場所」、「改變時段」或「改變工作內容」等方式下手，其中我最建議大家採取「改變場所」的做法。

● 改變工作場所

周圍環境嘈雜不已，讓你無法集中精神做事，雖然你真的很想說：「我無法集中注意力，可不可以請你們安靜一點？」，但是這樣的做法似乎頗有難度。與其繼續忍受這種壓力，自己主動改變一下工作環境，不是更有利嗎？

至於「有助於維持注意力」的工作環境，究竟什麼樣的環境才是最適合的呢？

針對這件事，我請教了很多人，大家給我的答案是：家裡、公司會議室、圖書館或咖啡廳等地方，雖然答案不盡相同，卻有一些共同點。

歸納出來的共同點有兩個：一是「不用擔心中途會被打斷」，二是這些環境「周圍存在著適度的雜音」。

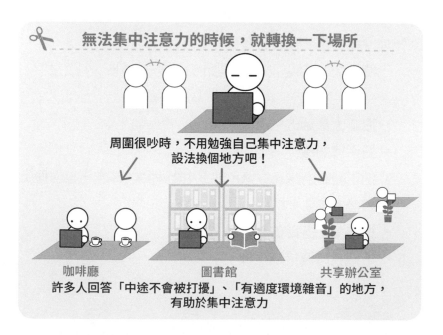

✂ **無法集中注意力的時候，就轉換一下場所**

周圍很吵時，不用勉強自己集中注意力，
設法換個地方吧！

咖啡廳　　　　　圖書館　　　　　共享辦公室
許多人回答「中途不會被打擾」、「有適度環境雜音」的地方，
有助於集中注意力

「周圍存在適度的雜音」這點，似乎是來自「雖然彼此並不相干，卻還是希望與人保持一點連繫」的心理作用。人類還真是複雜啊！

● 從根源中斷溝通管道

除了轉換工作地點，我還推薦一個方法，那就是下定決心暫時切斷所有的溝通管道。

我們平日透過電話、郵件或網路等溝通管道，與周圍的人和社會連結。

因為如此，我們腦海的某個角落，無意識中存在著「等一下會不會有人跟我連絡？」的「雜念」。這種雜念，就是妨礙我們集中注意力的一大因素。

因此，當你想要集中注意力做事的時候，就必須主動建立暫時中斷連絡、不受打擾的環境。

怎麼做？方法說起來其實也十分簡單，類似下列這幾項。

- 把桌上電話的電話線拔掉
- 把手機關機
- 把電腦的網路線拔掉，或是中斷網路，讓自己無法連上郵件系統或上網
- 把電腦上多餘的軟體全部卸除
- 把電視的連接線拔掉

「還真是令人意外的原始做法呢……」，你是不是這樣

想的？但這些就是最有效的方法。

　　我真正想要集中注意力做事的時候，除了前述這些做法，還會把自己鎖在房間裡，把窗簾拉上，為了不讓任何文字進入我的視線內，我也不會放置任何書籍，同時不會聽音樂，極力打造出一個杜絕任何外在影響的環境。

　　唯有完全斷絕外在連繫，我們才可以傾聽自己內在的聲音。

收到的郵件經常長篇大論，
需要花很多時間閱讀

在忙得焦頭爛額時，竟然還收到長篇大論的郵件，你有過這樣的經驗嗎？

對每天都會收到大量郵件的人來說，閱讀長篇大論又看不大懂重點在哪裡的郵件，真是痛苦無比。

舉例來說，「首先，我必須提一下這件事……」，像這種前言冗長的郵件很常見。

或是，明明在一封郵件內提到了數件事，卻沒有把重點說清楚，讓人理解起來很吃力。

也有「明天下雨的話，我們就來開會吧！」，這類邏輯過於跳 tone 的郵件。

寄件者可能沒有想這麼多吧，但收件者的生產力確實大幅降低了，這不是可以完全忽略不追究的問題。

雖說如此，我們也不能一一糾正別人寫信的方式吧！

為了避免這種狀況時常發生，針對撰寫郵件，公司內部有必要制定一套規則，盡可能建立可以輕鬆、有效溝通的郵件文化。

❶ 回答或確認，一句話就結束

舉例來說，在我們公司，我們在處理郵件上有自己的

規定。

　如果是簡單的回覆或確認，不論立場，都是以「了解了！」、「這樣是否就完成了？」簡短答覆就好。

　寫給上級的郵件，大家往往會想要寫得比較鄭重，一不小心，結果就變成長篇大論了。

　冷靜思考一番，本來公司內部的郵件，也沒有必要特別寫「您辛苦了！」，或是「麻煩您了，我真的覺得很不好意思呀」這類客套話吧。

　「郵件要盡可能簡短」，如果公司制定了這樣的規則，不只是看的人，撰寫郵件的人也可以省下大把時間。

❷ 內容複雜的郵件，敘述要盡量條理化

　針對情報眾多的複雜郵件，我建議可以採取條列式的寫法，譬如「①A……。②B……。③C……」這樣的寫法。

　如果資訊真的太多的話，不妨像下頁那樣，使用「＜＞」、「■」、「-」、「‧」或「①②③」等符號，把內容條理化。然後，把決定事項或由誰負責等重點說明清楚，就可以減少收件者的閱讀負擔了。

　公司如果針對使用符號或訊息層級的表示制定統一的規則，那麼所有同仁都可以寫出令人一目了然的郵件了。

內容複雜的郵件，要注意訊息層級的標示

情報很多的郵件，可以像下列這樣，使用「＜＞」、「■」、「-」、「‧」或「①②③」等符號，把內容條理化。

<確認事項>

■ 訊息共享會議的主題

　① 新商品的銷售，在量販店大致好評

　② 商品庫存變多了

■ 下次訊息共享會議的召開日期和地點

　‧2月20日（四）14:00〜

　‧4樓會議室

　　-出席者為組長以上

　　-不參加的話，請在會議前一天之前與主管連絡

<下一步行動>

■ 在訊息共享會議決議的事項

　① 針對還沒有訂購新商品的量販店加強行銷

　　‧確認店鋪清單與各負責窗口的分派情形

　② 加強既有商品的行銷

　　‧目標商品為「AB1220」和「XY2200」

　　　-在介紹新商品時，一併推銷既有商品

❸ 決定公司內部的共通語言

為了提升溝通效率，公司內部使用共通語言來溝通，也是很不錯的方法喔！

舉例來說，**我們公司制定了一些內部規定，在轉寄參考訊息時，我們會在郵件內容的開頭打上「FYI」**（For Your Information，提供參考），**如果是重要急件，我們會在郵件內容的結尾打上「ASAP」**（As Soon as Possible，盡速處理）。

透過這樣的內部規定，不但可以節省寄件者的撰寫時間，也可以減輕收件者的閱讀負擔。

此外，也可以把這些特定用語，登錄到電腦的辭典工具裡，這樣只要打第一個字，就會自動帶出想要的詞語，很方便喔！

❹ 訊息單純的郵件，只要輸入主旨就好

還有一個方法，能讓收件者不用點開郵件，就可以充分了解寄件人的要旨，就是盡可能精簡傳達事項，打在郵件的主旨欄上。

用一句話就結束郵件內容，比方說，可以在主旨欄上輸入「【業務連絡】今天的會議改在 B 會議室召開（內容如題）」，然後傳送出去。如此一來，**收件者不必點開郵件，就知道連絡事項了，這也可以大幅減輕寄件者的作業負擔。**

在公司內部或部門內部，只要制定這些內部共通的郵件規則，就可以大幅提升團隊的溝通效率。

每天都得瀏覽大量郵件

每天在辦公室忙進忙出的友人告訴我：「我的信箱每天都有幾百封信進來，根本看不完啊！」，這個問題使他非常煩惱。

郵件數量一多，為了如數消化，不只花費龐大的時間，還可能耽誤到重要郵件的回信。最糟的是，甚至有可能因此漏掉重要的郵件呢！

為了解決這個問題，通常可以採取幾種方法，其中不外乎使寄來的郵件減少，或是提升閱讀郵件的效率等。

具體而言，我建議下列這四種方法。

❶ 確實退訂已經沒在看的電子報
❷ 避免凡事都要共享訊息
❸ 使用快捷鍵
❹ 處理郵件的次數，一天最多只能三次

❶ 確實退訂已經沒在看的電子報

我問過很多人，發現很多人明明不再看某些電子報了，卻不取消訂閱，就這麼放著不管。

大量電子資訊被寄到信箱，占據了收件匣的空間，很容

易讓我們漏失重要郵件。

意識到這種困擾的人，應該要馬上採取行動才對吧。

具體的做法，雖然可以把這類信件設定篩選為垃圾郵件，但如果數量很龐大的話，也會占去許多儲存空間。

因此，如果你有最近都沒在看的電子報，下次收信時，請記得隨手取消訂閱，要養成這樣的習慣才好喔。

❷ 避免凡事都要共享訊息

受到資訊共享風氣的影響，許多公司連非必要性或低重要性的資訊，都會透過郵件傳送給內部同仁周知。

這種做法乍看似乎很有效率，好像是內部溝通流暢無礙的優質職場，但其實反而會拖垮公司整體的產能，我並不建議，因為這樣的做法，會讓員工對一些非必要的資訊，仍然必須一一確認才行。

說實在的，根本不是所有資訊都要和全體員工分享吧。**應該制定一致的原則，要求大家根據資訊類別，決定要To、Cc或Bcc給誰。**

只要減少傳送不必要的Cc或Bcc郵件，就可以大幅改善收件匣爆滿的情形。

我們本來就不必過於依賴郵件的，只要在伺服器上設定好共用資料夾或入口網站，建立讓相關人員自己查看資料的系統，應該就可以解決共享資訊的問題了吧。

❸ 使用快捷鍵

無論如何都無法避免大量郵件的人，就善用快捷鍵來提升閱讀或使用效率吧。

不同的郵件程式，有不同的快捷鍵指令。舉例來說，用「上下」的按鍵來選擇郵件，如果是Gmail的話，按下Shift＋I，就可以顯示為已讀。

換成Outlook，則是按下Ctrl＋Q，就可以顯示為已讀。

在下列表格中，我整理了這兩種電子郵件程式所使用的主要快捷鍵組合，請各位多多善用。

當然，除了我介紹的快捷鍵組合，還有許多用於電子郵件程式的便利快捷鍵組合，請大家再自行查詢。

 電子郵件程式常用的快捷鍵組合

	Gmail	Outlook
收件匣顯示	G→I	Ctrl＋Shift＋I
寄信	Ctrl＋Enter	Alt＋S
回信	Ctrl＋R	Alt＋R
回信給所有人	Ctrl＋A	Alt＋L
轉寄	Ctrl＋F	Ctrl＋F
顯示已讀	Shift＋I	Ctrl＋Q
顯示未讀	Shift＋U	Ctrl＋U

一開始，你可能感覺不到效率明顯提升，一旦你熟記這些快捷鍵組合，作業效率就會大幅提升，使用起來變得非常輕鬆、上手，不妨試試看吧。

❹ 處理郵件的次數，一天最多只能三次

過於在意收件匣，會分散你的專注力。為了避免這樣的情況，其中一個做法就是制定處理郵件的時間為「一天三次」，在固定時間集中處理郵件。

以我為例，我大概會在「9:30」「13:30」「17:30」左右的時段，集中確認和處理郵件。

首先，我會大致瀏覽一下所有郵件的主旨和本文，將郵件判斷為「看過即可」、「馬上處理」或「稍後處理」。**我會先大致瀏覽那些「看過即可」的郵件，等到比較能夠專心時，我才會依序處理「馬上處理」和「稍後處理」的郵件。**

隨著時代進步，出現了許多電子郵件以外的溝通工具。讓我們根據不同需求善用這些工具，輕鬆處理業務，在日常工作中，持續進行微小的改善吧！

除了郵件和電話，
不知道如何簡易溝通

「剛剛說的產品型號，是PTSS-10嗎？」

「產品型錄的檔案，是放在哪個資料夾呢？」

類似這種情況，「也不至於緊急到要馬上打電話確認，沒時間等郵件回覆吧。」公司內部這類訊息的往來，應該還不少吧。

遇到這類情況，雖然有些人會不假思索，馬上打手機或內線電話向同事進行確認，但也有很多人會顧慮到同事是否在忙，所以就決定「這件事晚點再問吧！」，然後就沒有後續動作了。

如果真的是很瑣碎的事情，那也就算了。**但有些事情不確認清楚，可能會錯失開發新業務的機會，甚至導致一些問題產生，後續衍生出一些嚴重問題。**

● 利用即時通訊，彌補溝通缺口

像這種情況，聊天工具就是你的最佳幫手。

平常可以使用聊天工具，確認一些瑣碎事務，這樣就可以減少這類溝通上的無效行為，同時避免後續衍生出更大的問題。

所謂「聊天工具」，是各種「即時通訊」軟體的通稱，

透過網路或LAN（區域網路）進行即時溝通，而且基本上都是免費的。

　　一般來說，在聊天工具收到訊息時，螢幕上會彈出訊息框，你可以在有空時才打開訊息框確認訊息，並且簡單回覆即可。

　　比較具代表性的聊天工具，有Slack、Chatwork、Skype、Facebook Messenger和LINE WORKS等。

　　這些聊天工具各有優缺點，大家只要選擇適合自己的職場環境或目的的程式來使用就好了。

　　我自己也是在經歷諮詢公司的工作以後，才開始使用聊天工具的。現在，聊天工具已經變成我在工作上不可或缺的好幫手了。目前，我主要在對公司內外的人做業務連絡或確認事項時，會使用聊天工具連繫。

　　使用聊天工具的優點很多，執行業務所需要的相關URL，或是檔案夾路徑等訊息，都可以立即傳送給對方，真的非常方便！

　　有了聊天工具，我們公司都不再使用內線電話了。

　　相較於電子郵件，聊天工具還有一些優點，比方說，不少郵件開頭通常還要寫「平時經常承蒙您的關照」，如果是聊天工具，只要直接說「OK！」，或「資料保存在……」，馬上就可以進入主題。

使用電子郵件和聊天工具的差別

郵件

平時經常承蒙您的關照……

雖然可以傳達很多訊息，但是在送信、確認和回信上，要花許多時間

Chat

那個資料在哪裡呀？

在這裡！（直接貼上訊息）

就像對話一樣，可以即時溝通

　　通常，在開啟聊天工具時，對方也可以知道你的狀態、你的出缺勤狀況，或是你當下可否交談等，不必透過言語，就可以傳達給對方知道。

　　以Skype為例，你可以將狀態設定為「上線中」、「暫時離開」或「忙碌」，讓其他人知道你目前的狀態。

　　讓其他人知道你的狀態，彼此就可以在對方都OK的情況下進行連絡，對於職場生產力的提升，或是彼此信賴關係的建立上，都助益頗多。

　　這個部分，是我覺得透過聊天工具可以做到，透過電話無法做到的明顯差異。

第1章總結

1. 交辦別人的工作，最後總是變得一塌糊塗
⇨ 交辦別人的工作，不要只是口頭約定，要發送郵件留下紀錄

2. 無法交辦工作給別人，最後都是自己做
⇨ ①先將工作加以分割再交辦 ②排除障礙 ③視對象調整交派工作的難易度

3. 總是被不清不楚的指令折騰得很慘
⇨ 先釐清目的、目標、期限、程序、考慮要點、相關對象、預算

4. 被無意義的「報連相」（報告、連絡、相談）搞得精疲力盡
⇨ 在報告和連絡上，不必執著於當面進行，應該致力提升溝通效率和品質

5. 沒有事先釐清匯報關係
⇨ 哪個項目要找誰討論，要事先就決定好或知道

6. 工作上大家很少就事議論，幾乎都是單調回答問題而已
⇨ 減少重複性的「回答問題」，增加有益的「訊息傳達」和「議論」

7. 忙著代轉電話，手上工作只得延宕
⇨ 可以主動告知專線或手機號碼，或是請對方用郵件連絡

8. 每當想要集中精神工作時，就會有人過來聊是非
⇨ 與其要求周圍的人保持安靜，不如自行轉換工作地點，主動改變環境

9. 收到的郵件經常長篇大論，需要花很多時間閱讀
⇨ 規定訊息往來必須簡單化，複雜內容則是要條理化

10. 每天都得瀏覽大量郵件
⇨ 主動排除不必要的訊息，善用快捷鍵提升閱讀和工作效率，安排固定時間集中處理郵件

11. 除了郵件和電話，不知道如何簡易溝通
⇨ 善用聊天工具

消除不必要的 壓力

人際關係篇

工作經常捲入派系之爭

在一間公司待久了，就會意識到「公司派系」的存在。當然，有些公司是沒有在分派系的，但是因為內部員工各自擁有不同的價值觀，所以或多或少還是會因為人際關係，而衍生出不同的派別，這也不是什麼稀奇的事。

一般來說，職位愈高，愈會感覺到派系的存在，你也很可能會面臨到必須選擇向哪邊靠攏的時候。

派系的產生，可能因為學歷、思想或利益等各種因素，派系成員彼此的連結是比較緊密的。加入某派系，可能會更早出人頭地，或是在關鍵時刻被提攜到好的位置。正因為有諸多好處，所以派系文化才會一直延續至今。

● 了解派系的缺點

不過，大家要知道，加入派系，並不是只有好康的事情而已。比方說，一旦上司失勢使情勢陡變，你也很難從原本派系脫身，直接跳到對手的陣營。這個時候，派系就會變成你職涯上的絆腳石了。

加入派系雖然不全然都是缺點，但它至少確實會妨礙別人看見你的真正實力。**如果你想要憑著自己的真材實料持續成長，我建議你不要那麼輕易就加入任何派系。**

　　不屬於任何派系，你在公司的擢升或評價上可能不會「有如神助」，但你也不必花費多餘時間或精力交際應酬，可以把更多時間用於提升自己。

　　往後的時代，比起「縱向權威派系」，「橫向信賴連結」的人際關係才是主流吧。

　　換句話說，接下來的時代，看重的是個人的魅力或能力。從這個角度來思考，與其加入派系、設法穩固自己的地位，不如把時間花在創造自身價值的事物上。

　　派系這種東西，一旦加入就很難脫身。所以，當你被邀請加入派系時，要學會如何圓融地跟對方打太極。

　　以我自己為例，從一開始，我就塑造出不加入任何派系的形象，同時跟對立派系的核心人物都建立良好關係，所以不傾向任何一邊。此外，我也不會說出「哪邊比較好、哪邊不好」的偏頗言論。

　　由於工作性質，至今我看過各式各樣的公司，發現派系大多出現在日系公司，從大學畢業就進入公司工作的員工（新卒採用）類型占據多數，而且大都是歷史悠久的公司。

　　現在這個時代變化迅速，情勢也瞬息萬變。我們都必須知道，固守一成不變的人際關係，或許會為自己帶來潛在的風險。

　　人際關係的桎梏所帶來的不利，是任何其他職場無效行為都比不上的，將會耗去你無以計數的時間和精力，不可不慎。

來自職場哥姐前輩的壓力，讓人喘不過氣

在你的周遭，有沒有超愛照顧別人，又很強勢的哥姐型前輩或上司呢？

這些職場大哥大姐的優點，就是會把我們當作「自己人」徹底關照。吃飯的時候，他們總會大方請客，你只要想打開錢包付錢，就會被他們罵上一頓。

但另一方面，**因為這些職場哥姐很照顧你，所以也會要求你付出相對忠誠。久而久之，這樣的行為就會漸漸變成一種束縛，可能奪去你的自由或時間。**

如果你非常重視自己的自由或時間，就應該避免陷入這種「大哥大姐照顧自己人」的關係中。

● 重點是自己不要過於依賴他人

「一有事情，就找別人幫忙」，這種想法本身就無法獨當一面。**真心想要自立自強的話，就要有沒有師夫幫忙提攜的覺悟。**

舉例來說，在演藝圈居高臨下的頂級藝人們，都沒有聽說過他們有什麼師夫。因為只要在誰的庇護下，就會產生依賴心理或顧慮，無法一心一意打拚自己的事業。

要是在做任何事之前，都得先看看「大哥大姐」的臉色，就會失去自主判斷的機會和能力。

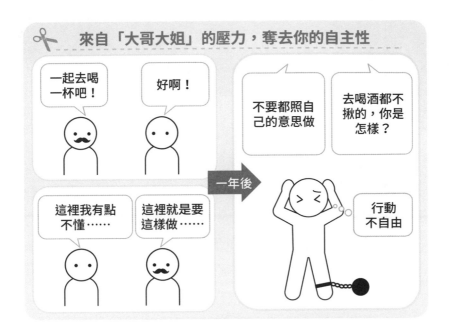

✂ **來自「大哥大姐」的壓力，奪去你的自主性**

一起去喝
一杯吧！

好啊！

不要都照自
己的意思做

去喝酒都不
揪的，你是
怎樣？

一年後

這裡我有點
不懂……

這裡就是要
這樣做……

行動
不自由

　　為了確保你的自主性，掌握你的自由，建議你最好與這些過於熱心照顧人的「大哥大姐」保持微妙的距離，免得在不知不覺中變成他們麾下一員。

　　一旦「成為自己人」，想要扭轉這樣的關係，就需要花費數倍的時間或精力了。**當今社會，已經不再以上下從屬關係為主，而是變成以協力合作關係為主流的時代了。讓我們靠自己的力量和頭腦，開創自己的命運吧！**

　　對了，前文提到的「派系」，與「大哥大姐照顧自己人」的不同之處，在於後者並不屬於特定團體，只是與特定「大哥大姐」的關係往來而已。

　　除了直屬前輩或上司，這種「大哥大姐」型的人物，其實還真不少呢！

被迫參加不愉快的聚餐、卡拉OK和續攤

最近幾年，大家對於慣例的傳統招待或舉辦宴席等做法，開始出現許多不同的聲音。不過，公司員工一起同樂舉辦聚餐喝酒，或是唱卡拉OK的文化，仍然根深蒂固。

和工作上往來的人交際應酬，如果自己也很愉快的話，不僅可以紓解壓力，對於人際關係的建立，也有相當的效果。

● 如果自己不願意的話，不妨就回絕掉吧

但是，有些人明明並不樂在其中，卻因為工作上的方便或好處，勉強自己參加這類交際應酬。

在工作時間之外，再去進行一些交際應酬，本來就會花掉許多時間和金錢。如果過於熱中這些應酬，之後很可能會被束縛住，無法脫身。

接下來，我來談談二次會（續攤）應該注意的事情。一次會（聚餐）大都有固定時間結束，到了二次會，大家的心情就會開始無所顧忌，甚至可能會一直持續到快要趕不上末班電車才結束，有時還會一直喝到早上呢。這樣一來，特意提升工作效率所賺到的時間，在轉眼間就消耗殆盡了呢。

如果自己也愉快就另當別論，萬一你是為了工作利益，不惜犧牲時間來做這樣的應酬，我認為是沒有必要的。

　　「但是，拒絕的話，不會影響到升遷或業績嗎？」，像這樣擔心是沒有意義的。**當今，比起交際應酬的頻率多寡，大家更在乎你在工作上能夠創造出多少價值。**

　　除了金錢或時間的問題，你為了保持真我，也必須拿出勇氣，回絕掉自己不喜歡的邀約才對。

● 受邀之前，先想好拒絕的理由

　　當顧客或上司，對你提出你不感興趣的邀約時，你可以感謝對方的好意邀請，然後以不失禮的方式，委婉表達「真是不好意思，那天我剛好有事」，這樣就可以了。

　　遇到二次會的邀約時，以不說謊為原則，向對方表示「我還有工作沒做完」、「明天還要早起」、「身體不是很好」之類的理由，婉拒對方就可以了。

　　不擅長拒絕的人，可以事先向負責的人或核心人物表明自己不參加，或是在受邀之前，想好拒絕的理由。

不擅長拒絕的人……

今天一次會結束後，我就會先離開

了解

今天的身體狀況不是很好，就不參加二次會了吧

事先向負責的人或核心人物表明

先想好拒絕的理由

　　不過，你可不能回絕掉這攤二次會，跑去參加別攤二次會喔！像這種場合，只要老實交代「我等等還有其他事，所以就先失禮了」，這樣就可以了。

忙得要命的時候，
還要趕做賀年卡

現在，無論何時何地，要和別人取得連繫，都是很容易的事。就算是很久沒見面的對象，只要透過社群網路，通常都可以掌握彼此的近況。

雖然如此，在商務的場合，還是有很多人保持「寄送紙本賀年卡」的文化習慣。很多人認為，寄送紙本賀年卡是每年的例行公事，並不覺得這件事有何不妥。不過，仔細想想，這件事真的很不可思議耶。

當然，我非常能夠理解，寄送賀年卡這件事，是日本流傳已久的習慣。不過，要大家在忙得要命的年末時期，還特意撥出不少時間來製作賀年卡，這種文化習慣是不是應該要做一些改變了呢？

對於平時關照自己的人，特別寄送卡片表示感謝心意，這件事並沒有錯。不過，至少對那些經常見面的人，就不用再特意寄送賀年卡了吧？

● 不寄送賀年卡，也不會影響人際關係

我雖然有收賀年禮品，但是從好幾年前開始，就斷然決定不再寄送賀年卡了。**日常的感謝或敬意，我都會透過直接見面等機會形式表達，取代寄送賀年卡。**

利用賀年卡以外的方式，來加深人際關係吧！

① 利用見面時表達感謝

謝謝您平日的關照　我才是

② 平時就注意問候

今天是○○小姐生日……

③ 別人有困難時盡量幫助

我可以幫什麼忙？　謝謝你

打算不再購買或製作賀年卡時，大家是不是多少會覺得有點心理負擔或過意不去呢？「這樣會不會影響到工作上的人際關係呀？」，這樣想的人應該不少吧。不過，至少就我本身來說，我的人際關係，並沒有因為不再寄送賀年卡而受到很大的影響。

在日常生活中留心問候，或是在別人遇到困難時，不遺餘力幫忙，這樣才能夠建立起真正深厚的人際關係。

此外，除了寄送賀年卡，日本還存在很多像是中元送禮（7月）或歲暮送禮（12月）等，這些沒有意義卻一直存在的無效禮儀習慣。針對這些禮儀習慣，大家不妨質疑一下是否有其存在的意義和必要性，或是有沒有實際的效果。我們也該順應時代的潮流，逐漸做出一些適當的改變了。

近年來，隨著日本政府推出「清涼商務」政策，*許多人在寄送賀年卡或歲暮送禮上，也開始進行節約行動，改以公司為單位送禮了。

站在減輕員工作業負擔，兼顧關照客戶及合作夥伴的角度，大家如果可以適度推行這類節約習慣，會是很好的事吧！

----

*由日本前首相小泉純一郎提出的節能減碳政策。

來往的都是自己部門的人

　　所屬部門裡，大家都很團結是好事。不過，如果過於團結的話，就很容易變成只跟自己部門的人交往，久而久之，在想法和價值觀上，就會逐漸僵化。

　　而且，你也可能會逐漸被局限在所屬團體當中，失去了自由。

　　如果這種來自所屬團體的束縛，趨向負面作用的話，就會演變成「派系」。變成派系之後，就像前文中所述，會對你的職務調動或職涯產生各種影響。

● 也要積極和其他部門的人交流

　　如果你平常就和各部門的人交流，你不僅會有很多新的發現，當你和其他部門的人建立了良好的信賴關係後，他們在你需要幫忙的時候，也會對你伸出援手。

　　比方說，身為業務或開發的負責人，如果平時就和法務或會計部門的負責人交情不錯，在契約或預算的業務上遇到難題時，或許就可以得到他們的建議或協助呢。

　　積極和其他部門交流，如果能夠影響到周圍的同事，就會促進部門之間的廣泛交流。如此一來，整個職場環境就會變得更開放，營造出良好的溝通氛圍。

　　對照我過去的經驗，在結構鬆散的大組織工作，愈容易看不清楚自己的定位。因此，如果你主動了解其他部門的運作機能或狀況，確實有助於更能掌握自己在公司的角色定位。

● 有時候可以自己一個人去吃午餐

　　有聊得來的同事一起共進午餐，對於職場生活來說，是一件令人愉快的事。我很了解這種感覺，而且這樣做，也會讓你在公司裡的人際關係更加圓融。

　　不過，**為了配合別人的時間，調整自己的工作步伐，這是無益於提升時間效率的**。營業利益率超過50％的大企業基恩斯（キーエンス），聽說他們的員工為了提高生產力，用餐時都是個別用餐呢！

　　明顯遠離他人的孤僻，我並不建議；但是，偶爾獨自一人享用午餐，在各方面來說，都是有好處的。

　　在不同的時間和地點，自由自在地享用午餐，不僅可以動動腦筋思考一下，還可能發現新的事物，或是獲得一段內省的愜意時光。

　　如果你讓周遭的人知道，你是會一個人去吃午餐的那種人，就可以脫離一些莫名的束縛，在很多方面都會變得比較輕鬆喔。

　　長期隸屬於部門或團體的一分子，突然說出「我想一個人去吃午餐！」，可能會有點困難吧。你不妨透過製造一些外出的機會，嘗試與周遭的人，保持一點恰到好處的距離感。

交際應酬花去太多時間

雖然有逐漸減少的趨勢，不過在商界，或多或少還是存在一些招待的商業習慣。

如果自己也樂在其中，那就還好。若是為了得到工作上的方便，才去做這些事，那自己的私人時間豈不是被剝奪了？我們是不是應該好好考慮，把這種不良的習慣修正改進了呢？

● 不與那些總是要求招待的人主動來往

從經營的角度來看，過度的招待行為，對公司或個人的成長來說，都會成為一種阻礙。雖然不是常態，但實際上有些人，會要求招待或索取金錢、貴重物品等，做為工作回報。

說實話，提出這種條件的人或公司，都不值得往來。如果和這種對象往來，將來可能會被捲入若干麻煩事件也說不定，這種對象本來就不適合長久往來。

以往，大家會看特權或恩情來做事；現在，比起這些東西，大家更嚴格檢視商品本身的價值，或是商品所引發的經濟效益。

宴席作陪的時間與工作品質，兩者毫無關連。Apple 或 Google，都是憑藉著產品或服務的價值，使得自家公司的評價水漲船高。同樣的道理，**無論是公司或你自己，也只能透**

過商品品質來提升價值。

● 來自供應商的招待伴隨著風險

招待這件事，原本就是進行交易的潤滑劑。許多企業為了加強人際關係，或獲取情報等目的，進行招待。

民間企業之間彼此進行招待，並沒有違法的問題。

不過，如果公司的採購人員被對方用公司經費招待吃飯，在下單的時候，難免會參雜了個人的私心。

實際上，有許多公司的採購人員，在接受供應商的招待之後，就算對方提供的商品品質不怎麼好，還是會向他們訂購商品。

如果向採購人員請教選定該供應商的理由，他們應該會說是因為值得信賴，而不是因為商品品質很好吧。

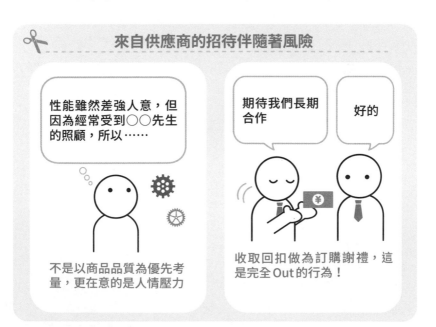

這都還在容許的範圍內，如果相關行為升級為收下對方的回扣，裝進自己的口袋，就等於是收賄或瀆職了。

　　來自供應商的招待，很容易影響自身理性的判斷，也極易成為不法事件的溫床，建議回絕才是。

　　我想，即使訂購方拒絕接受招待，也不大可能對彼此的關係造成負面影響吧。

　　就算真的有什麼不好的影響，這種讓人有瓜田李下之嫌、又衍生人情壓力的事，應該盡量能避則避吧。若是真的想去這類聚會，那就自費參加，我都是這麼做的。

　　與其靠招待來取得工作，我比較想用提案內容和人性來一決勝負呢！

第 2 章總結

12. 工作經常捲入派系之爭

⇨ 與派系保持適當、巧妙的距離,把時間花在創造自己的價值

13. 來自職場哥姐前輩的壓力,讓人喘不過氣

⇨ 捨棄凡事向人求助的依賴性,和過於熱心照顧人的「大哥大姐」保持合適距離

14. 被迫參加不愉快的聚餐、卡拉OK和續攤

⇨ 自己不想參加的話,就要表示拒絕。不擅長拒絕的人,可以在受邀之前,先想好回絕的理由

15. 忙得要命的時候,還要趕做賀年卡

⇨ 不再特意寄送賀年卡,改為透過日常交流加深人際關係

16. 來往的都是自己部門的人

⇨ 和其他部門的人保持交流,更清楚自己的定位和價值

17. 交際應酬花去太多時間

⇨ 把焦點放在產品或服務的品質上,盡可能不要參加招待餐會

如何才能 事半功倍

會議篇

開會開不完，
過時的會議形式

　　此時此刻，在世界的各個角落，應該有許多會議正在進行中。

　　不同行業或職業，會議占去工作時間的比例，應該是不盡相同的。當我連絡電視台或節目製作相關公司時，他們給我的答覆總是：「我們今天都在開會」，我不禁詫異心想：「他們到底是什麼時候，才會在辦公桌前辦公啊？」

　　日本的上班族，其實花了很多時間開會，從資訊共享到討論議題，各種類型的會議都有。

　　尤其是在大企業，定期會議、部門會議，以及依照職務需求召開的會議等，會議可以說是多到開不完啊！不過，在我看來，這些都是能減則減的會議吧。

　　有些會議甚至連續開上好幾個小時，出席者的注意力根本就沒辦法集中，很多人甚至都在做自己的事。

● 意識到無效會議的存在

　　我看過很多公司，發現開會成效很高的公司，竟然只是少數而已。

　　很多會議從一開始就已經決定好結論了，開會只是單純核對一下數字，會議最後到底決定了什麼？沒有人知道。我

看到的，很多都是這種沒有重點的會議。

其中最荒謬的，是我曾經任職的日系大企業的朝會。其他團隊都是早早就解散，趕緊去跑業務了，只有我們團隊的會議總是開得特別久，每天早上有將近30分鐘，都是課長一個人在長篇大論。

例會也是一樣，大家只是核對一下數字而已，沒有特別分析和討論結果，而且又偏好諮詢負責大客戶的業務，被晾在一旁的人，只得拚命忍受睡魔的侵襲，直到會議結束。

● 意識到「開會成本」

這類過時、無效的會議，現在應該馬上就停止。我認為，在所有的企業活動中，沒有比開會更耗費成本的了。

只要把出席者的年收入換算成時薪，再算一下開會時間和人數，你就知道那是一筆令人吃驚的金額了（參見下頁圖示）。

如果不從人事成本來看，從團隊的目標銷售額逆推換算成時薪，將是一筆更令人吃驚的金額。

備品成本或其他經費支出，和開會花費的成本相比，根本只是九牛一毛而已。在所有的成本當中，人事費用實際上是耗費最多的，大家應該認清這一點。

從這個角度思考，我們應該致力於提升會議的產能，才能確實提升成本效益，同時有利於團隊成長。

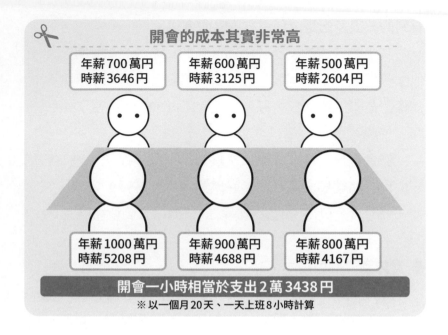

開會的成本其實非常高

年薪 700 萬円
時薪 3646 円

年薪 600 萬円
時薪 3125 円

年薪 500 萬円
時薪 2604 円

年薪 1000 萬円
時薪 5208 円

年薪 900 萬円
時薪 4688 円

年薪 800 萬円
時薪 4167 円

開會一小時相當於支出 2 萬 3438 円

※ 以一個月 20 天、一天上班 8 小時計算

● 開會的目的是為了產出

「開會」顧名思義，就是人們見面討論事情，以期創造更多產出。

無論是線上會議或當面開會，每個人都是特地挪出時間來進行即時交流，所以我們應該努力讓開會能夠產出更多價值。其實，只要改變開會的模式，生產力就會有驚人的改變。

我從日系大企業轉職到外商諮詢公司時，他們的開會方式和我以往任職的公司全然不同，我受到很大的衝擊。

他們的會前準備非常周全，開會都有明確目的或目標，工作分配也都十分明確。

當時，開會的現場，有三台投影機播放開會議題的相

關資料，大家以適度幽默感進行討論，開會速度也掌控得很好。我身在其中，簡直不能想像這場會議，竟然是由日本公司所召開的呢！

實際上，這種開會方式，已經變成是一種可供客戶端選擇的「工作方式革新服務」。服務的內容，會根據開會的目標達成數、無紙化會議的普及率等，設定測量生產力的指標，再透過檢測表測定達成的情形。

人數少的公司要做到這種程度，或許難度太高了，但我覺得還是有參考的價值。

透過正確、合理的方式，讓出席者充分發揮能力，以期開會能夠創造最高產出，這是我們追求的目標。

會議結論由出席者的
頭銜來決定

有些會議，是看出席者的身分來決定結論的；也就是說，會議的結論，與頭銜或公司內部的政治因素直接相關。

這是我最討厭的無效會議類型，而這類會議常見於日系的大企業，裡面多數員工都是從畢業就一直待在公司工作。

會議的發言，本來就不應該著重由「誰」發言，應該重視的是「發言內容」才對。不管由誰發言，所說的內容應該都被當作事實採納才對。

如果只看頭銜或職位來決定會議的結論，被晾在一旁的出席者，當然會對這樣的會議感到興味索然。

● 提升會議主持人的能力

為了讓會議的結論不受出席者的頭銜影響，我們必須加強會議主持人的能力。

實際做法其實很簡單，就是在會議一開始，就把必須集中討論的議題或事項全部列舉出來。

在會議開始後，不要只讓特定人士發言，要平均地讓多數人都有發言的機會，以「還有沒有其他意見呢？」的問句，敦促大家提出不同論點或更多意見。

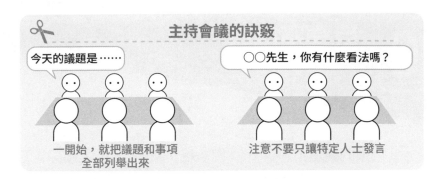

主持會議的訣竅

今天的議題是……

○○先生，你有什麼看法嗎？

一開始，就把議題和事項
全部列舉出來

注意不要只讓特定人士發言

　　雖然出席者的頭銜，還是多少會讓人有些顧慮，但如果能讓大家盡量發表不一樣的論點或意見，應該能夠有效提升出席者對會議的參與感吧！

　　已經有既定結論的會議，就算參加了，也沒有多大的意義。為了節省時間，這種類型的會議應該減少參與。雖說如此，實際上，一些涉及利害關係的會議，也是免不了要參加的吧。

　　遇到這種情況，應該盡可能發表一些與眾不同的觀點，或是積極表達自己的意見或感想，一定要製造發言的機會，至少也要留下自己參與會議的痕跡才對。

　　因為，花時間在無法感覺到自己的存在意義，或是無法發揮自我價值的會議上，是最浪費生命的事。

　　我在前文中提過，會議成本以「時薪 × 時間 × 人數」來算，所費不貲。因此，無效會議是公司的沉重負擔。

　　平時，我們就應該避免召開一些已有既定結論的會議，也不要邀請一些光有頭銜，卻不發表意見或提案的人來參與會議。大家應該共同努力創造出這種良性的職場氛圍。

會議的目的或
目標不明確

「大家的議論不一致」、「討論總是離題」、「會議開再久也沒有結論」，大家在開會時，是不是遇過類似的狀況呢？

如果你遇過這樣的狀況，很可能是因為你們在開會之前，沒有先釐清會議的「目的」或「目標」。

就像搭上沒有目的地的船隻一樣，如果會議的「目的」或「目標」不明確，與會者就會感到茫然。

為了確保開會品質，事先設定共同的「目的」和「目標」是非常重要的。因此，領導者或會議召集人，在開會之前，必須先釐清這兩項重點。

● 決定開會的目的

所謂會議「目的」，就是召開會議的宗旨，大致上可以簡要成三點。

- **決定事情**
- **集思廣益**
- **訊息共享**

為了不要浪費大家的時間，在開會之前，要先思考「為什麼要開這場會？」，「真的有必要開會嗎？」，「目的是否

明確？」，然後再將開會目的事先告知出席者。

● 決定會議的目標

會議的「目標」，就是為了實現目的所應達成的事項。設定目標時，我們必須注意「目的和目標是否一致？」，「實際上是否可能達成？」，「目標內容是否有疏漏處？」等問題。

比方說，開會「目的」是「企劃魅力新商品」，那麼「目標」大致上就會是下列幾點。

- **決定目標客群**
- **決定目標客群想要的款式或設計方向**
- **決定能夠吸引目標客群的商品訂價**

「目的」和「目標」的設定如果很明確，就算開會途中的討論有點離題，也能夠順利將話題拉回來。

此外，在決定會議的召開方式時，先想一下「找誰來開會」，「什麼時候開會最合適」等問題，也是很有幫助的。

在我以前工作的外商諮詢公司，所有會議的目的和目標，都設定得非常明確。

即使是只來一年的菜鳥顧問，也會問我：「岡田先生，這個會議的目的和目標是什麼？」在我剛轉職到那家公司的那一陣子，每次聽到這樣的詢問，都有被嚇到的感覺呢！

設定明確的「目的」和「目標」，使開會眾人把焦點都集中在這兩者，開會品質自然就會變好了。

會議中的工作分配不明確

即使決定了開會的「目的」和「目標」，開會時如果工作分配得不明確，讓大家都「見機行事」的話，討論就無法順利進行。

工作分配不明確，大家的議論就會漫無邊際，抓也抓不回來，然後在沒有實質產出的狀態下，結束了會議。

因此，在決定會議的「目的」或「目標」時，應該一併決定工作的分配或會議的進行方式。

誰來參加會議，尤其會大幅影響到開會品質。所以，要選擇誰來參加會議，必須慎重以對。

開會就該找能夠發揮價值的人參與，旁聽者或提不出建議、只會一味批評的人，就不要找來開會。

開會的人數愈多，意見也愈容易分散。如果出席者都只會附和，結論也容易有偏頗的情形。

訊息共享或進度確認的會議，人數多一點沒關係。**但如果是交換意見、要做決策的會議，我建議開會的人數，應該控制在六人以下為佳。**

開會時，大家的工作分配有四種，分別是「召集人」、「主持人」、「記錄人」和「出席者」。

❶ 召集人

身為會議「召集人」，要把開會的「目的」、「目標」和
5W1H弄清楚 ——5W：When、Where、Who、Why、What；
1H：How，再發出開會通知和相關資料，主要負責召集開會。

實務上，這項工作大都由部門或團隊的領導者擔任。

❷ 主持人

**會議「主持人」的職責，就是負責掌控會議的時間，避
免大家離題太遠，並且釐清決定事項，同時確認下一步行動
的負責人或期限。**

如果是小型會議，召集人和主持人由同一個人擔任的情
況也是滿多的。

召集人和主持人不一定非得由領導者擔任，從出席者找
一名成員，視開會狀況適時提起議題也是可以的，只要讓合
適的人擔任主持人就可以了。

❸ 記錄人

「記錄人」的工作，就是負責記錄會議重點和相關決議事項。

不過，這項工作不是只把會議流程，按照時間順序記錄
下來就好。會議記錄的目的，是將會議的決定事項和下一步
行動清楚地記錄下來，以免日後產生爭議。

開完會，如果無法從會議紀錄明確看出誰做了什麼事，
根本就毫無意義。因此，記錄人在記錄會議的過程中，應該
要存有這樣的認知才是。

會議記錄的工作，往往是由出席者輪流擔任的，但也可以委由正在學習的新人擔任。

❹ 出席者

「出席者」的角色也很重要。出席者要充分理解開會目標，開會時要積極交流必要資訊或意見，以期達成開會目標。

根據會議的內容，也可以邀請外部專業人士參與會議，請他們提供不同意見或想法。

身為「出席者」，在出席會議時，充分意識到自己職責的人似乎不多。對此，領導者應該善加提醒，讓團隊整體都意識到出席會議的職責所在。

只要明確劃分會議的職責分配，就可以少掉很多遲疑和紛爭，讓會議進行得更順利。

會議的工作分配

①召集人的工作
- 釐清開會的目的和目標
- 發出開會通知
- 寄送相關資料等

②主持人的工作
- 掌控時間
- 控制討論內容
- 協助釐清決定事項

③記錄人的工作
- 會議記錄
- ※ 將會議的決定事項和下一步行動清楚地記錄下來

④出席者的工作
- 了解開會目的和目標
- 積極交流必要的資訊或意見，以期達成開會目標

選擇出席者的要領

- 選擇對議題有專業認識，能夠積極提出意見的人
- 不要找提不出有效建議，只會一味批評的人
- 決定事情的會議，人數要控制在6人以下

沒有配合開會目的
決定會議的進行方式

「反正，來開個會吧！」，在不知道開會內容的狀況下被叫去開會，然後真正開會時，過程卻毫無重點，整個不知道要做什麼……你有過這樣的經驗嗎？

我有。其中，最誇張的是一場自願參加的地方團體的專案會議，具體情形我就不多提了，現在回想起來，那場會議失敗的最大原因，就是主持人很沒有經驗，使得整場會議完全沒有配合開會目的進行。

會議的進行方式，大致上可以分成四種類型。開會的相關資料，在通知開會時，其實就應該事先提供給出席者才對。

這四種類型中，**如果是以討論為目的，分別是「決議事情型會議」和「集思廣益型會議」。如果是以傳達訊息為目的，則分別是「說明會」和「報告會」。**接下來，我來向大家說明這些會議的各別特點。

● 決議事情型會議

「決議事情型會議」，是出席者透過充分討論，當場決定若干事項的會議。**這類型的會議，有一些重要原則要特別留意，包括：要採取什麼方針？要做什麼決定？出席者必須先釐清這些目標，然後擁有最終決定權的人，也要出席會議。**

● 集思廣益型會議

「集思廣益型會議」，就是要讓出席者自由提出意見，藉此引發連鎖反應，激盪出新的構想。

這類型會議要注意的是「在會議中，不做任何評判或下任何結論」，以及「歡迎提出任何自由奔放的想法」、「意見求多不求精」、「集思廣益」等原則。

● 說明會

「說明會」，是針對主題傳達訊息的會議，例如：新的人事制度說明會或徵才說明會等。這類說明會的目的，是要讓聽眾留下深刻印象，或是希望聽眾能夠充分理解，所以內容必須側重訊息傳達，簡單易懂才好。

● 報告會

「報告會」，是傳達或共享單一資訊的會議，例如：業績或海外視察報告等。這類會議，應該盡可能事先把內容用郵件等方式傳送給出席者，開會時只要把時間花在內容的Q&A上，這樣就可以很有效率地開會。

迄今，我見過太多沒有按照正確形式開會，出席者被乾晾在一旁的場面了。

根據會議類型，選擇正確的開會方式，然後讓出席者產生共識或認知，這樣才是名符其實的「會議」吧！

大家平常在開會時，還請想想我在這裡分享的要訣喔。

為了會議的
事前準備人仰馬翻

在我還是新進職員的時候，電腦並不像現在這麼普及，因此預約會議室或準備會議資料等工作，都是採用傳統的紙本作業。

當時，在會議室的預約管理表上登記時間，再根據人數印製、發送開會資料，都是由最資淺的我負責，所以我在開會前，簡直是一片手忙腳亂呢。

現在，由於IT設備已經十分完備，有心要做的話，應當可以用更聰明的方式，進行會前準備。然而，我跟年輕上班族聊天時，還是經常聽到他們說：「會前的麻煩工作，還真是多啊！」

會前準備工作確實有其必要，但相關工作並不會產生任何新的價值。所以，我們應該更有效率地進行這項工作，然後把更多時間拿來投注在生產力更高的工作上。

會議召集人必須做的事前準備，是「預約場地和設備」、「發送會議通知」和「事先寄送資料」。

❶ 預約場地和設備

「預約場地和設備」，指的是預約會議室或電子設備的工作，不同公司有不同做法。

　　我服務過的公司，要預約會議室或電子設備，都是透過群組軟體。

　　現在很多公司都導入群組軟體，從30人規模的大會議室，到2～3人使用的小會議室，所有會議室的預約狀況，無論公司內外，都可以透過手機或電腦查詢和預約。

　　如果沒有群組軟體，管理的對象也不是很多的話，建議可以用Excel製作一張預約管理的表格，再設定共享就可以了。

　　不管公司規模的大小，會議室的預約資訊如果可以透明化，是一件極為方便的事。建議大家不要用紙本，透過線上管理比較好喔！

❷ 發送開會通知

　　「發送開會通知」，就是會議召集人寄送議程的郵件給出席者。

　　這項工作的重點，就是不可以臨到會議召開時間才發送郵件，要盡量提前發送郵件，以利出席者安排行程，這樣就可以少花一點功夫在更改會議時間上了。

　　Google日曆等行事曆管理工具，也有可以直接傳送會議通知郵件的新功能，以及專門用於調整行事曆的雲端服務，大家可以善用這些工具喔！

❸ 事先寄送資料

　　尤其是以議論為目的的「決議事情型會議」或「集思廣益型會議」，可以在會議召開前一天之前，把資料事先寄給

出席者，這樣可以提升開會討論的品質。

　　會議資料的事先發送，可視出席者或使用設備，選擇紙本發送的形式。不過，**如果大家都有手機、平板電腦或筆電的話，建議發送電子郵件比較好。這樣不但可以省去印刷、裝訂、確認份數，以及事先找人發送等一連串的會前準備作業，開會時，大家也可以把注意力更聚焦於會議上。**

　　在我們公司，內部的會議資料，可是從來都沒有印出來過喔！

　　我在這裡跟大家談的「預約場地和設備」、「發送開會通知」和「事先寄送資料」，乍看或許都是一些很瑣碎的事情，但只要會議的規模愈大，這些瑣碎的工作，就會變成是勞心勞力的事。

　　大型會議的事前準備，建議要製作一份確認清單，逐一確認事項後，再一一刪去，這樣就能避免疏漏，開會當天也才不會一陣手忙腳亂。

　　開會品質不只受到出席者的影響，事前準備的好壞，也會影響到會議是否順利進行喔。

如何更有效率地做好會前準備

❶ 預約場地和設備

透過紙本或筆記管理
比較沒有效率

用群組軟體或 Excel 進行
線上管理

❷ 發送開會通知

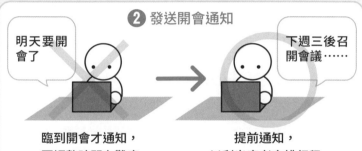

明天要開
會了

下週三後召
開會議……

臨到開會才通知，
要調整時間有難度

提前通知，
以利出席者安排行程

❸ 事先寄送資料

統一送信！

印刷　　裝訂　　發送

發送紙本資料，
手續繁瑣

採用電子形式，
只要附檔寄出郵件就好

開會成效
因為主持人不同而有落差

　　我在前文中提過，以議論為目的的「決議事情型會議」
或「集思廣益型會議」，尤其看重主持人的能力。

　　如果主持人不大會掌控會議的討論流程，大家可能會因
為過於投入討論而忘記議程，或是發言權都集中在特定人士
身上，使得談論的內容偏離議題，這樣開會就無法達到既定
目標了。

　　我參與過大大小小的會議，主持人無法掌控會議流程，
使得討論重點偏離議程，以至於無法達到既定的開會目標，
只好將議題留待下次會議討論，像這種情況我看過不知道多
少次呢！

　　話說回來，不是每個人都很會主持會議，但如果會議一
定得交給擅長主持的人來主持，那麼這樣的人如果不在，會
議不就開不成了嗎？

● 只要善用「會議紀錄格式」，誰都可以 hold 住會議流程

　　所謂「會議紀錄格式」，簡單來說，就是兼具會議紀
錄、協助議程進行的檔案格式。這在會前準備的階段，就必
須先準備好。

　　只要有「會議紀錄格式」，不僅主持人能夠更流暢地主

持會議，還能夠避免會議討論出現遺漏。主持人的負擔得以減輕，而且不必依賴特定人士主持會議，可以省下訓練主持的功夫，我們就可以把這項工作交給年輕同事，幫助他們早點學會獨當一面。

如果用投影機把會議紀錄格式秀出來，除了主持人之外，所有出席者都能夠看到議程。這樣一來，大家的討論就比較不會偏離議題太遠，也不容易讓發言都集中在特定人士身上了。

我也建議事先設定好每項主題的討論時間，這樣更有利於掌控開會的時間喔。

會議主持人的存在固然非常重要，但我們更要想出一套不仰賴特定主持人的運作流程，這樣才可以常保開會品質與成效。

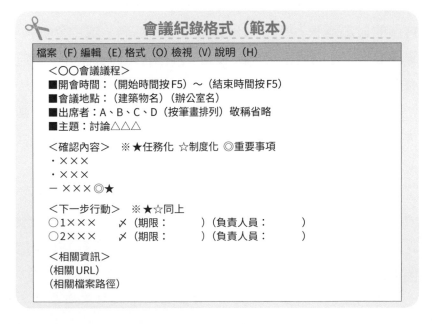

會議紀錄格式（範本）

檔案（F）編輯（E）格式（O）檢視（V）說明（H）

＜○○會議議程＞
■開會時間：（開始時間按F5）～（結束時間按F5）
■會議地點：（建築物名）（辦公室名）
■出席者：A、B、C、D（按筆畫排列）敬稱省略
■主題：討論△△△

＜確認內容＞ ※★任務化 ☆制度化 ◎重要事項
・×××
・×××
－×××◎★

＜下一步行動＞ ※★☆同上
○1××× ✗（期限： ）（負責人員： ）
○2××× ✗（期限： ）（負責人員： ）

＜相關資訊＞
（相關URL）
（相關檔案路徑）

會議的討論
沒有深度和廣度

　　你參加過討論完全沒有深度，話題又缺乏廣度的單調會議嗎？這種無聊的會議，表面上討論好像順利進行著，卻讓人開始厭世，完全不必期待會出現什麼新奇的發現或構想。

　　如果這是以資訊共享為目的的進度會議也就罷了，如果是企劃會議或戰略會議，就應該要有更深、更廣的討論才對。

● 開會時充分活用電腦或手機

　　針對這種情形，我建議大家可以準備好電腦或手機，在會議的討論過程當中，如果出現了「商品名」或「企業名」等關鍵字，就開始搜尋相關資訊，再把有用的資訊分享給所有與會者。

　　會議討論沒有深度的一大原因，是因為會議中的多數人，即使在討論中聽到自己不知道的專有名詞，往往聽過就算了，沒有進一步查詢相關訊息，所以討論留於浮淺。

　　這種時候，只要即時搜尋關鍵字，把搜尋結果用投影機秀出來，或是把電腦畫面秀給大家看，問發言者：「你剛剛說的，是這個對吧？」對方應該會興奮回答：「對！就是這個！」這樣整場會議就會開始熱絡起來。

　　我們公司在會議或商談中，如果出現了重要的關鍵字，

我們就會馬上搜尋，把資訊分享給所有與會者。

比方說，開會時，客戶提到：「A公司好像開發了〇〇新商品耶！」，我們就會當場用Google搜尋圖片，把搜尋結果跟所有與會者共享。

客戶往往回應：「對啊，對啊！就是這個！要是貴公司也有類似的商品，再麻煩給我看看……」，之後可能就會發展成具體商談，這種事並不少見。

如果是2～3人參與的小型會議，就算沒有投影機或電腦，只要大家都有手機就好了。

如果你想讓「開會內容更充實」、「獲得更多成果」，就不要說「關於那件事，我下次會先查好」，要習慣在開會當下，設法進行更深、更廣的討論。

會議決定的事項
沒有執行

結束了漫長的會議，大家應該都不知不覺鬆了一口氣吧？

不過，會議才剛結束而已，想要鬆懈還太早喔。因為在會議結束的當下，並沒有產生任何實質價值，要落實行動之後，才會開始產生價值。

聽起來好像很理所當然吧！但實際上，還真的有人在會議結束後，就彷彿船過水無痕般，把會議決定的事項，或是應該執行的事項，忘得一乾二淨呢！

會議決定的事項，應該盡可能馬上採取行動比較好喔！

為了有利於進行下一步行動，應該在開會時做會議紀錄，在會議結束時，請出席者共同確認會議的決定事項，事後盡快發送郵件給相關人員才好。

這樣的做法，可以避免「花了好幾天的時間，才把會議資料傳送給相關人員」，讓下一步行動得以順利展開。

● 會議結束時，大家都有會議紀錄

怎麼做？就是配合會議的進行，直接在電腦上編寫投影到會議室的會議紀錄，在會議結束時，再和出席者共同回顧會議紀錄，確認「決定事項」或「下一步行動」，達成共識。

當大家對會議紀錄達成共識後，就馬上發送郵件給出席

者或相關人員，這樣就可以迅速把開會的結論，直接連結到下一步行動的階段。

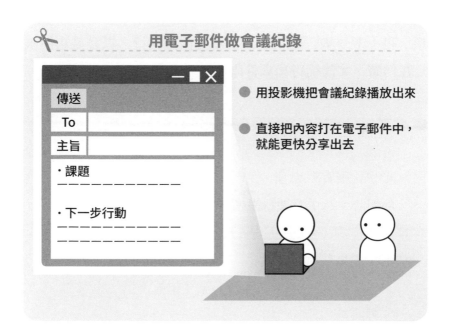

用電子郵件做會議紀錄

傳送
To
主旨
・課題
————————
・下一步行動
————————
————————

● 用投影機把會議紀錄播放出來

● 直接把內容打在電子郵件中，就能更快分享出去

平常，為了能夠更快與相關人員共享會議紀錄，我都是直接打開電子郵件做會議紀錄。網路不穩定的時候，也可以把會議紀錄打在會議紀錄格式，先存在記事本中。

至於 Word 或 Power Point，因為啟動需要花費時間，所以我不會用這些軟體來做會議紀錄，能夠快速記錄、快速閱讀才是重點。

如果使用白板進行會議，大家也不必特意用電腦做紀錄或打資料，只要用手機拍下照片，再分享給相關人員就可以了。

或許有人會擔心說：「這樣難道不會太偷懶了嗎？」其實，如果在開會時，預先跟與會者打過招呼，這樣幾乎都不會出現錯漏字或其他大問題喔。

此外，**把會議紀錄寄給大家之前，要先確認「決定事項」和「下一步行動」是否寫清楚由誰執行，以及截止期限是在何時，才能夠寄出郵件喔。**

● **會議紀錄的檔案名稱要有規則性**

會議紀錄寄出後，為了保險起見，建議要另外存檔在公司內部的共用資料夾裡。

存檔時，為了方便日後搜尋，應該建立固定格式的檔名，大概可以設定成「（年分日期）＿（文件類型）＿（專有名詞）＿（第幾版）」這樣的格式。

＜例＞
「191101＿會議紀錄＿週次mtg」
「191108＿會議紀錄＿週次mtg」
「191115＿會議紀錄＿週次mtg」

在發送和保存會議紀錄後，還要追蹤相關人員是否按照期限執行下一步行動。如果沒有確實執行，就轉寄一次會議紀錄郵件，提醒當事人。

以上就是會議後的追蹤流程。

實際上，在開完會後，決定事項沒有執行的情況，還真

的滿常見的。所以，我們才會製作會議紀錄做為證據，同時分享給相關人員，其中也有預防和牽制的意思。但是，要注意拿捏分寸，不要搞得好像在抓犯人一樣喔。

● 在會議中逐步完成資料

會議資料的製作和會議紀錄一樣，都會影響到下一步行動。即使在事前就準備好會議資料，在開會後，如果需要修正，還要耗掉許多時間。

所以，我建議大家像做會議紀錄那樣，在開會時完成修正會議資料。

IT業界或外商公司，比較常看到這種做法，就是把存在筆電裡未完成的資料投影出來，然後大家一邊討論，就直接在資料上輸入內容或進行修正。

在會議的最後，再讓所有與會者一起確認會議資料，然後和會議紀錄一併寄給相關人員留存參考。

這樣不但可以省下會議後的資料修正手續，在某些情況中，甚至連事前的資料製作手續都省了呢！

而且，**在所有與會者面前逐步完成討論內容的資料，也可以提升出席者的參與感和理解度，這對執行下一步行動是很有利的。**

如果是2～3人開的小型會議，就不一定要透過投影機，一邊看外接的液晶螢幕或筆電畫面，一邊打資料也是可以的。

不過，如果是多人的大型會議，就必須多準備幾台投影

機，一台用來投影會議紀錄，另一台就用來投影資料或網頁畫面，透過這樣的方式進行討論，就可以進行一場極富視覺化又資訊豐富的會議了。

我要再度提醒大家，開會後，一定要確實執行下一步行動，這樣會議才會產生意義和實質價值。

大家必須知道，會議不是有開就好，還要確實執行會議後的資料管理及追蹤工作，這樣才是一套完整的會議流程。

只要把會後的追蹤工作做好，就可以大幅提升開會的價值喔！請大家開會時，一定要留心這些要點。

第 3 章總結

18. 開會開不完，過時的會議形式
⇨ 了解開會的意義和開會成本，才可以減少無效會議

19. 會議結論由出席者的頭銜來決定
⇨ 提升會議主持人的能力，敦促出席者提出更多意見

20. 會議的目的或目標不明確
⇨ 設定會議的目的和目標，告知所有與會者

21. 會議中的工作分配不明確
⇨ 理解四種身分職責：召集人、主持人、記錄人、出席者

22. 沒有配合開會目的決定會議的進行方式
⇨ 理解會議的種類：決議事情型會議、集思廣益型會議、說明會、報告會

23. 為了會議的事前準備人仰馬翻
⇨ 不再用傳統方式，全部採用數位化

24. 開會成效因為主持人不同而有落差
⇨ 善用會議紀錄格式，建立會議的標準化流程

25. 會議的討論沒有深度和廣度
⇨ 活用電腦或手機，讓全員都掌握關鍵資訊

26. 會議決定的事項沒有執行
⇨ 在會議紀錄裡載明「決定事項」和「下一步行動」，會後馬上傳給大家

第 **4** 章

讓麻煩作業變得簡單

文書作業篇

信封或各種單據，
每次都用手寫一樣的內容

　　我最早任職的日系電信公司，要手寫超多份申裝電話線的申請書，當時我曾為這種毫無效率的做法感到絕望。

　　明明就有電腦，為何每次都得用手寫同樣的公司名稱或住址？我向主管抱怨這種不合理的做法，他卻給了我一個匪夷所思的回答，那就是「因為這是重要的文件資料嘛！」

　　正因為是重要的文件資料，為了不要出錯或重複，更應該用電腦來作業吧？

　　最近，我才在想說，現在應該很少公司的文件資料，還是用手寫的吧？令我訝異的是，在看了數家公司之後，我發現竟然還是有不少公司，文件資料都是用手寫的呢！

　　這種手寫文化不僅浪費時間，也不利於無紙化或資料共享，就算有錯誤或重複，也很難覺察出來。

　　我覺得，一直堅持手寫文化，似乎已經沒有必要了吧。環顧辦公室，真想把那些可以去除的不良習慣徹底改掉！

　　其中，最無效的作業處理，就是業務部門的傳票和各種制式單據，以及在信封上書寫連絡資料。

　　報價單或訂單等，為了避免每次都要在各種制式單據或信封上手寫相同內容，可以採取下列三種做法。

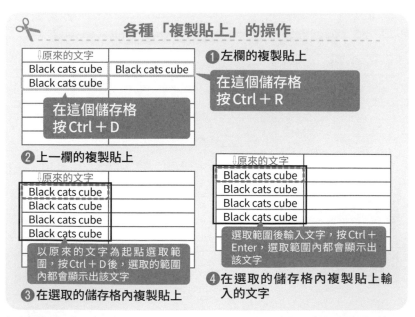

❶ 使用刻有基本資料的印章

雖然這是比較傳統的做法，但也是最容易做到的方法。只要訂購一個刻有公司名稱、地址和電話等資料的便宜印章，再備好印泥，馬上就可以把基本資料印在信封上了。

不過，相較於數位化的做法，這個方法還是少不了蓋印章這個動作，大家可能不會有大幅提升效率的感覺吧。

❷ 善用Excel等軟體的快捷鍵功能製作單據

我建議大家不要用手寫的，而是積極運用「複製貼上」的功能。我發現，竟然有很多人都不知道「複製貼上」有很多種操作方式，我在這裡就舉幾個「複製貼上」的操作實例。

各種「複製貼上」的操作

❶左欄的複製貼上

⇩原來的文字	
Black cats cube	Black cats cube
Black cats cube	

在這個儲存格按Ctrl＋D

在這個儲存格按Ctrl＋R

❷上一欄的複製貼上

⇩原來的文字	
Black cats cube	
Black cats cube	
Black cats cube	
Black cats cube	

以原來的文字為起點選取範圍，按Ctrl＋D後，選取的範圍內都會顯示出該文字

❸在選取的儲存格內複製貼上

⇩原來的文字	
Black cats cube	
Black cats cube	
Black cats cube	
Black cats cube	

選取範圍後輸入文字，按Ctrl＋Enter，選取範圍內都會顯示出該文字

❹在選取的儲存格內複製貼上輸入的文字

* 上網搜尋一下Ctrl＋D、Ctrl＋R、Ctrl＋Enter，有很多動態使用範例，還查得到Ctrl＋E、Ctrl＋F、Ctrl＋U等多種快捷鍵功能喔。

此外，為了防止輸入無效的資料，建議大家可以運用Excel內建的「資料驗證」功能，也就是預先設定儲存格內所能填入的資料內容（方法參照下圖）。

我們還可以使用之後提到的Vlookup函數，從別的表格把資料拿來運用。

多多善用軟體技巧，原本需要手寫的作業，大致上都可以透過數位化的方式完成。

最近像社會保險的相關文件，很多也都用Excel的格式刊登在網頁上，所以大家就不要一味拘泥於「必須用手寫的」，建議先找找看有沒有相關的格式範本吧。

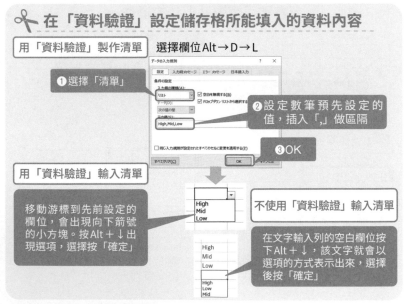

在「資料驗證」設定儲存格所能填入的資料內容

用「資料驗證」製作清單　　選擇欄位Alt→D→L

❶選擇「清單」

❷設定數筆預先設定的值，插入「,」做區隔

❸OK

用「資料驗證」輸入清單

移動游標到先前設定的欄位，會出現向下箭號的小方塊。按Alt＋↓出現選項，選擇按「確定」

不使用「資料驗證」輸入清單

在文字輸入列的空白欄位按下Alt＋↓，該文字就會以選項的方式表示出來，選擇後按「確定」

* 上網搜尋「Excel資料驗證」，有許多詳細的進階使用說明。

❸ 善用業務軟體

導入業務軟體系統，雖然會花上一筆經費，但如果必須處理的單據數量很多的話，基於節約時間的考量，這應當是很划算的投資。

銷售管理或顧客管理等業務型的軟體，大致上都會有「主資料」（Master Data）這種東西，就是類似電腦上的名冊。

只要從「主資料」把公司名稱或地址等資料抽出來用，就不必再用手寫相同資料了。由於過去的交易資料可以重複使用，手寫的機會應該就會愈來愈少了。

以往的軟體套件，大都需要進行安裝或下載，最近出現了愈來愈多不用安裝，只要打開網頁馬上就能使用的雲端軟體。

只要運用這裡介紹的三種方法，就可以揮別手寫作業，把省下來的時間拿去執行創造更高產能的業務了。

除了③之外，①和②都是你馬上就可以試試看的方法，請嘗試看看喔！

紙本資料都
手動 key in 到電腦

　　把紙本資料放在面前，然後手動key in內容到電腦⋯⋯
都什麼時代了，你可能覺得怎麼還會有人這樣做？但是在辦
公室裡，還是經常看得到這樣的畫面喔！

　　而且，就算自家公司再怎麼努力推動數位化，如果客戶
交給我們的是紙本資料，也只好根據紙本資料進行作業了吧。

　　就算有點土法煉鋼，如果有將重要資料key in到電腦保
存，那還算是好的情況了。

　　最糟的是，就是嫌key in資料太麻煩了，乾脆只保存紙
本，最後將資料封藏不用。

　　**紙本，只是保存資料的一個媒介而已，寫在上面的資
訊，如果不能拿來活用或共享，就不會產生更多價值。**

　　為了方便活用或共享資料，還是必須透過資料數位化的
方式。在這裡，我跟大家分享三個方法，說明如何輕鬆地把
紙本資料數位化。

❶ 從一開始就請對方提供數位檔案

　　與其收到紙本資料再數位化，倒不如一開始就請對方提
供數位檔案，這樣才是最有效率的。

　　如果對方還沒有把紙本資料列印出來，你可以請對方傳送電子檔就可以了。

　　運氣好的話，對方可能會主動提出：「我用郵件寄電子檔給您好嗎？」

　　如果對方已經把資料列印出來了，為了避免對方感到不悅或麻煩，你或許可以委婉向對方提出：「由於我想妥善保存這份資料，方便請您用電子檔再寄一次給我，好嗎？」

　　或許你覺得這些做法都很理所當然，但其實很多人都沒有這麼做，所以還是有大量紙本資料的往來。

　　在索取資料時，請養成一併索取電子檔的習慣吧。

❷ 用手機拍照保存資料

　　如果紙本資料不需要轉換為文檔，你可以用手機把資料拍下來保存就好。

　　講究畫質的文件其實沒那麼多，所以不一定要用掃描的方式。

　　很多文件都不需要很講究，即使顏色有點暗沉，或是位置有點歪斜，只要內容能夠辨識就沒有問題了。

❸ 掃描後再用OCR（光學字元辨識）轉成文檔

　　紙本資料裡面，仍有一些資料是需要轉成文檔的，遇到這種情況，建議可以掃描後再用OCR轉成文檔。

　　所謂「OCR」，就是可以讀取手寫文字或印刷文字，透過電腦進行分析辨識，再轉換成文字檔的技術。

　　在我們公司，都是使用複合機的掃描功能，再轉成文字檔。如果辦公室沒有複合機的話，可以使用像富士通ScanSnap那樣的小型掃描器，或是像Microsoft Office Lens、CamScanner等具備OCR功能的手機掃描程式也可以，當然也有電腦用的掃描軟體。

　　「因為是手寫的，所以沒辦法轉成電子檔」，請不要因為這樣就輕言放棄，有很多方法可以把文件轉成電子檔保存的喔。

● **不是所有紙本資料都需要轉成電子檔**

　　我在這裡跟大家分享幾個將紙本資料轉成電子檔的訣竅，但是有一點要請大家注意，那就是不需要將所有資料都數位化，這只是多此一舉而已。

　　很多時候，我們經常連一些不重要的資料，都想要保存下來。

　　就算是非紙本的數位資料，如果數量太多的話，也會造成資料搜尋的困難。而且，把一些不重要的資料都數位化，本身只是在浪費時間而已。

　　因此，**在進行資料數位化之前，要先確認這份資料對自己或組織而言，到底是不是必須的。**

　　沒有利用價值的資料就要處理掉，請大家一定要有這樣的認知才好。

資料的確認或核對，都要親自逐字比對

　　就算是因為喜歡才從事的工作，也會遇到無論如何都喜歡不了的作業流程吧！

　　比方說，不停做重複的事，或是被迫採取沒有效率又原始的工作方式等……以往，我感到最沒有成效的工作，就是要用親自過目的方式，逐一確認紙本和電腦資料。舉例來說，就是尋找資料裡的關鍵字，或是親眼比對資料的工作。

　　親眼確認不但沒有效率，也很容易出錯。對我來說，像這樣的工作，就像要我把掉入泳池裡的隱形眼鏡找出來一樣，簡直壓力山大。

　　後來，隨著電腦的普及化，以及自身IT素養的提升，這類原本需要親自過目的工作，就逐漸找到方法來解決了。

　　首先，你的文件必須是可以在電腦上瀏覽的電子檔案。接下來，我在這裡就向大家介紹，我在職涯中輾轉學到，告別親自逐字核對資料的三種方法。

❶ 善用尋找功能（Microsoft Office軟體、記事本、網頁瀏覽器）

　　有些人會在Office軟體或網頁瀏覽器上，使用分頁功能或用滾動頁面的方式，親眼逐字搜尋特定資料。

　　但是這種方法，不管再怎樣謹慎，還是很容易看漏資料吧。為了避免這個問題，就算只是在找一些小資料，平常就要會善用尋找功能喔！

　　做法非常簡單的，只要按Ctrl＋F，就可以開啟尋找的對話框，再輸入想要搜尋的關鍵字，按下Enter就可以了。

　　之後的畫面，就會跳到有目標關鍵字的部分，系統還會幫你標示出來。這個功能是Office軟體、記事本和網頁瀏覽器都通用的，非常方便。

❷ 善用取代功能（Microsoft Office軟體、記事本）

　　除了尋找功能，還有非常簡單方便的取代功能，雖然不適用於網頁瀏覽器，在Microsoft Office軟體和記事本都很好用。

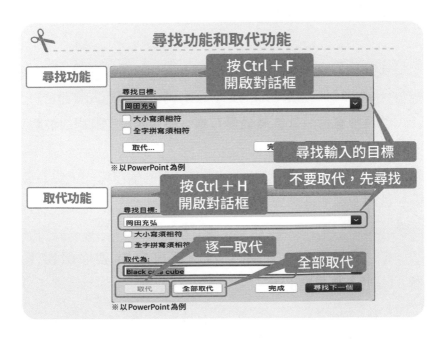

按快捷鍵Ctrl＋H開啟對話框，在「尋找目標」和「取代為」欄位輸入文字，然後按Enter，目標文字就會一口氣全部被取代為指定文字。

如果用目視的方式逐一查找再修正文字，必須花掉很多時間，只要善用這項功能，從尋找到取代可以很快完成。

❸ 使用Vlookup函數（Excel）

因為工作需求，我們有時得在兩份不同的資料中查找重複的項目，或是取出符合條件的資料加以運用。此時，「Vlookup函數」就是一項很方便的工具，可以協助你從指定的範圍內，找出符合搜尋條件的資料。

它的公式是「=vlookup（搜尋目標,搜尋範圍,欄號,〔是否完全符合〕）」，操作過程如下。

①在搜尋目標的儲存格附近輸入下列的函數公式
「=vlookup（搜尋目標,搜尋範圍,欄號,［是否完全符合]）」
②直接套用公式到其他儲存格（將範圍設定為絕對位置）

順道一提，在①的步驟，搜尋目標的儲存格如果沒有資料，就會出現「#N/A」，這種情形只要輸入公式：

IF（搜尋目標=""",""",vlookup（搜尋目標,搜尋範圍,欄號,［是否完全符合]）」

這樣一來，就算沒有輸入資料，儲存格也會維持空白。

Vlookup函數用於對照兩份名冊資料是否有重複的項目，或是拿來運用在商品目錄等資料。一輸入商品代號，就可以從既有的商品目錄，把單價或商品名稱找出來用。

我經常在兩份不同的名冊之間，運用Vlookup函數查找是否有重複的電子郵件地址，真的非常好用喔！

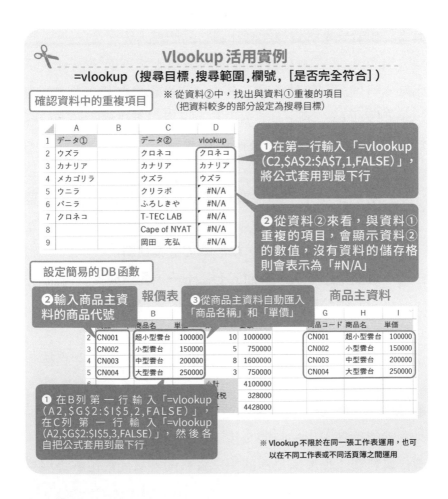

Vlookup 活用實例

=vlookup（搜尋目標,搜尋範圍,欄號,［是否完全符合］）

確認資料中的重複項目

※ 從資料②中，找出與資料①重複的項目
　（把資料較多的部分設定為搜尋目標）

	A	B	C	D
1	データ①		データ②	vlookup
2	ウズラ		クロネコ	クロネコ
3	カナリア		カナリア	カナリア
4	メカゴリラ		ウズラ	ウズラ
5	ウニラ		クリラボ	#N/A
6	バニラ		ふろしきや	#N/A
7	クロネコ		T-TEC LAB	#N/A
8			Cape of NYAT	#N/A
9			岡田 充弘	#N/A

❶在第一行輸入「=vlookup（C2,$A$2:$A$7,1,FALSE）」，將公式套用到最下行

❷從資料②來看，與資料①重複的項目，會顯示資料②的數值，沒有資料的儲存格則會表示為「#N/A」

設定簡易的DB函數

❷輸入商品主資料的商品代號　　報價表　　❸從商品主資料自動匯入「商品名稱」和「單價」　　商品主資料

		B	單價			G	H	I
		商品名	單價			品コード	商品名	単価
2	CN001	超小型雲台	100000	10	1000000	CN001	超小型雲台	100000
3	CN002	小型雲台	150000	5	750000	CN002	小型雲台	150000
4	CN003	中型雲台	200000	8	1600000	CN003	中型雲台	200000
5	CN004	大型雲台	250000	3	750000	CN004	大型雲台	250000
6				小計	4100000			
				消費税	328000			
					4428000			

❶ 在B列第一行輸入「=vlookup（A2,$G$2:$I$5,2,FALSE）」，在C列第一行輸入「=vlookup（A2,$G$2:$I$5,3,FALSE）」，然後各自把公式套用到最下行

※ Vlookup不限於在同一張工作表運用，也可以在不同工作表或不同活頁簿之間運用

類似的資料，
每次都是重新製作

　　以前我在外商諮詢公司工作時，看到有些人會從早到晚都在打資料。這種情形不只出現在辦公室，我在新幹線的等候室，也看到全神貫注在製作資料的商務人士。

　　有些人是真的在製作重要的資料吧！不過，也有人是因為本身就對製作資料樂在其中，或是想讓周遭的人看到自己是多麼認真的樣子，當然也有人是覺得查找舊資料過於麻煩，所以就乾脆自己重新製作一份資料。

- **明明是發電子郵件或口頭交代就可以的內容，也要做成資料**
- **為了進行內部說明，精心準備提案資料**
- **雖然用途不明，管他三七二十一，先做成資料再說**
- **沒發現公司內部有類似資料，於是從頭做起**

　　如果你曾有過這種情況，現在就該馬上把觀念改過來。

● 製作資料本身，並不會創造任何價值！

　　就算你花了大把時間，也不一定能夠做出完美的資料。**製作資料與工作價值是兩回事，資料內容只能幫忙解決現實**

問題，付諸實踐才會開始創造價值。

雖然如此，還是有很多人為了讓資料看起來更美觀，花了許多時間調整資料的格式或版面。不過，在這些看起來美美的資料裡，內容或立論根據薄弱的不在少數。

在製作資料之前，你本來就應該先想一下，這真的需要製作成一份資料嗎？

如果需要，一定要重新製作嗎？不能沿用既有資料嗎？建議你先把這些想清楚。

為了把時間投資在附加價值更高的業務上，在製作資料方面，我們應該盡可能整理出一套不必多費功夫的方法或規則才好。

● 善用範本，盡量避免從頭製作資料

平常就要留心整理辦公桌或電腦檔案，讓以往製作過的資料更容易拿來再度利用，同時也要準備好範本或固定格式。只要做到這兩件事，就可以大幅減少重新製作資料的機率了。

此外，口頭交代或寄電子郵件就可以解決的事情，原則上就不必再特意製作成資料了。為了找到可以利用的既有資料或範本，自己也要多提升一下IT素養才行。雖然這些方法看起來好像沒什麼大不了的，卻很有效喔！

製作資料時，想要使用螢幕截圖，都得耗費一番功夫

製作資料時，剪貼網站畫面或螢幕截圖的機會應該很多吧！遇到這種情況，很多人因為不大會操作，才趕快上網查資料。

根據用途的不同，我在這裡跟大家分享四種截取螢幕畫面的方法，讓大家以後可以輕鬆一點。

❶ 螢幕截圖（PrtSc）

把想要截圖的畫面，按下PrtSc按鍵，就可以把整個螢幕截圖下來。之後，就可以用圖檔的形式，轉貼到PPT或Word等Office軟體檔案中。

如果想以檔案的形式保存下來，就在圖像上按右鍵，選擇「另存成圖片」，再按下「儲存」就可以了。

除了製作資料，遇到電腦問題之類的狀況，也可以把畫面截圖給對方看，非常好用喔！

❷ 只截取最上層的視窗畫面（按Alt + PrtSc）

當你開啟多個視窗時，按下Alt + PrtSc，就只會截取最上層的視窗畫面。桌面背景或其他應用程式，都不會出現在截圖畫面中，這項功能最適用於製作操作指南或文書資料。

螢幕截圖技巧①②

❶螢幕截圖

按 PrtSc 鍵，截取整個螢幕

❷只截取最上層的視窗畫面

按 Alt ＋ PrtSc，截取最上層的視窗畫面

❸ 用「剪取工具」剪下畫面（開啟後，按Ctrl＋N）

只想要截取螢幕中的某部分資料的話，建議可以使用Windows內建的「剪取工具」。

開始→附屬應用程式→打開「剪取工具」，按下「新增」，畫面就會變霧，拖曳選取想要複製的地方，就可以截取該段內容。

比起按PrtSc鍵，這個方法截取的畫面，解析度會比較差，但是優點是檔案小，很容易就可以截取想要的畫面加以運用。在想要分享螢幕截圖，或是製作一些小資料時，都是非常好用的工具喔！

❹ 用「Screen Sketch」剪下畫面（Win＋Shift＋S）

「Screen Sketch」是Windows 10推出之後增加的功能，與「剪取工具」一樣，可用於截取部分畫面。

它跟「剪取工具」的不同之處，在於只要按下Win＋Shift＋S，不必打開軟體，就可以選取範圍進行複製。

而且，聽說「剪取工具」早晚會被停用，所以趁現在趕快習慣這項功能也好。

這裡介紹的螢幕截圖技巧，請大家多多善用，就可以省去不少製作資料的時間了。

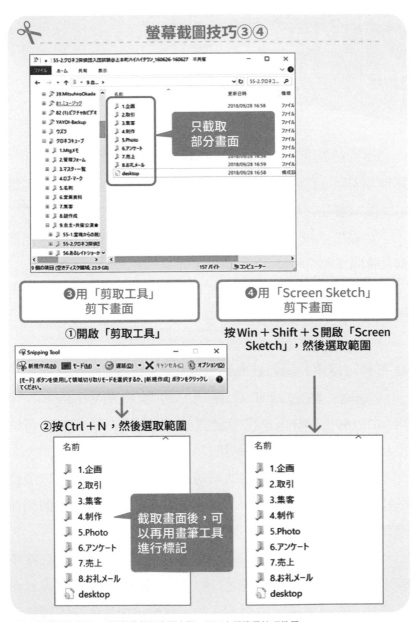

螢幕截圖技巧③④

> 只截取
> 部分畫面

❸用「剪取工具」剪下畫面

❹用「Screen Sketch」剪下畫面

①開啟「剪取工具」

按 Win ＋ Shift ＋ S 開啟「Screen Sketch」，然後選取範圍

②按 Ctrl ＋ N，然後選取範圍

名前
- 🗐 1.企画
- 🗐 2.取引
- 🗐 3.集客
- 🗐 4.制作
- 🗐 5.Photo
- 🗐 6.アンケート
- 🗐 7.売上
- 🗐 8.お礼メール
- 🗐 desktop

> 截取畫面後，可以再用畫筆工具進行標記

名前
- 🗐 1.企画
- 🗐 2.取引
- 🗐 3.集客
- 🗐 4.制作
- 🗐 5.Photo
- 🗐 6.アンケート
- 🗐 7.売上
- 🗐 8.お礼メール
- 🗐 desktop

* 除了電腦螢幕截圖，手機螢幕截圖也很方便，可以上網搜尋技巧教學。

總是不斷 key in 頻繁使用的語句或地址

到目前為止，你key in過幾次「承蒙您的照顧」了呢？其他還有「請多多關照」、「請查收」等，我們在無意識中，都一直在使用這些慣用語句吧。

如果可以減少這類重複作業，你不覺得可以省下大把的寶貴時間了嗎？

其實很簡單，只要利用輸入法工具內建的辭典工具就可以了。

● 把頻繁使用的語句註冊到辭典

以日文輸入法工具為例，可以使用Windows內建的「Microsoft IME」，我本身是安裝預測文字準度較高的「Google日文輸入法」來使用。

只要把平常頻繁使用的語句，註冊到辭典工具裡，這樣在打字時，只要輸入兩、三個字，就可以轉換成慣用的語句或單字，不僅很有效率，又可以減少打字錯誤呢。

除了單字，輸入稍微長一點的語句時，也可以這樣用喔。像是很多筆的電子郵件地址、網址或手機號碼等，只要註冊這些不容易記起來的資料，就可以提示你快速想起資料，真的很方便！

　　註冊的方法很簡單，如果是IME的話，就選擇單字再按Ctrl＋F10。Google日文輸入法如果先從內容設定，只要用快捷鍵，就可以打開註冊單字的工具，在「讀音」的欄位輸入文字，在「單字」輸入想要顯示的文字，這樣就完成了。

　　除了經常使用的慣用句或單字，我還註冊了自己的名字、手機號碼、電子郵件地址、地址和公司網址等，大概三百筆以上的資料。

　　建議你也可以瀏覽一下自己的郵件或文件，找出使用頻率高的詞組和語句，依序註冊到辭典工具裡。

　　提醒大家，如果註冊的單字過多的話，反而會沒有辦法馬上就想起來，所以有時要到辭典工具進行維護，把註冊的單字量保持在一定的範圍內。

● 把郵遞區號瞬間轉換成地址

　　大家收到別人給的名片時，會怎麼做呢？

　　有些人可能會放著不管，有些人可能會使用桌上的名片資料夾，或是管理軟體來整理吧。

　　以我為例，因為我要做各種運用，所以我會把收到的名片，全部彙整到Excel檔的名冊中。但是，要在清單上逐一輸入名片資料，真的麻煩吧！

　　尤其是地址，更要耗費很多心力。因此，我在這裡想要介紹大家，我平常很愛用的日文輸入法工具的「地址轉換功能」。

　　只要輸入郵遞區號，按下「轉換」鍵，就會顯示符合該郵遞區號的地址資料。

比方說，只要輸入「101-0064」，就會自動轉換成「東京都千代田 神田猿 町」，真是超方便的。除了輸入名片資料，在註冊網站成為會員時，也可以拿來運用。

不過，要在Microsoft IME使用這項功能的話，需要事先設定才行（Google日文輸入法不用。）

開始→在「搜尋程式和文件」的方塊裡輸入IME→選擇Microsoft IME的設定（日文）→進階設定→辭典／學習標籤→在系統辭典的欄位勾選「郵遞區號資訊」，然後按「新增」→「套用」

像這樣操作，就可以把郵遞區號轉換成地址了。

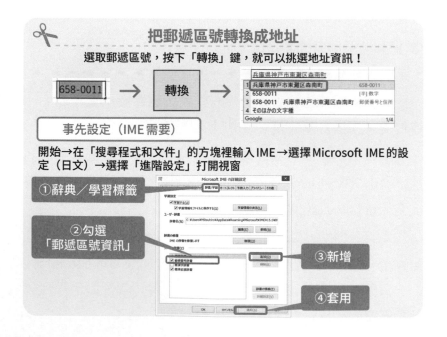

✂ **把郵遞區號轉換成地址**

選取郵遞區號，按下「轉換」鍵，就可以挑選地址資訊！

兵庫県神戸市東灘区森南町
1 兵庫県神戸市東灘区森南町　　　　658-0011
2 658-0011　　　　　　　　　　　[半] 数字
3 658-0011　兵庫県神戸市東灘区森南町　郵便番号と住所
4 そのほかの文字種

658-0011 → 轉換 → Google　1/4

事先設定（IME需要）

開始→在「搜尋程式和文件」的方塊裡輸入IME→選擇Microsoft IME的設定（日文）→選擇「進階設定」打開視窗

①辭典／學習標籤
②勾選「郵遞區號資訊」
③新增
④套用

● 把地址轉換成郵遞區號

知道地址，卻不知道郵遞區號，工作上也時常會遇到這種情況吧。很多名片或網站上，都沒有寫明郵遞區號，遇到這種情況，很多人大概都是上網輸入「兵庫県神戸市東灘区森南町 郵遞區號」，然後進行搜尋吧。

如果使用日文輸入法工具的話，就能夠更輕鬆獲得郵遞區號的資訊喔！**操作方法很簡單，只要輸入「兵庫県神戸市東灘区森南町」的地址資訊（不必打上門牌號碼），按下「轉換」鍵就可以了，郵遞區號就會出現在轉換選項當中。**

怎麼樣，簡單到讓你驚訝吧？

多虧在日文輸入法工具裡，有這項郵遞區號與地址互換的功能，讓我不必特地再用名片管理軟體。

比起使用名片管理軟體的OCR功能來讀取名片，然後再進行修正，日文輸入法工具的轉換功能，可以讓我用更少時間達成目標。

輸入郵遞區號或地址資料，除了製作名冊之外，在製作申請書、合約書、賀年卡等各式文件也能夠派上用場，請大家一定要多多善用。

疏於管理名冊或名片

在商場上，個人資料是十分重要的資訊之一，其中最重要的，要屬名冊和名片。

在工作場合的各種時機，你經常會從公司、學校或各種團體等有往來的對象那裡，收到名冊或名片。

你是否能夠有效保管這些資料，加以活用呢？如果你的保管方法錯誤，就會讓這些寶貴的資料變成一堆廢紙。

從各種組織那裡得來的名冊，更是什麼樣的形式都有，有些是紙本資料，有些則是數位化的資料。因此，這些資料往往都被散放在各處，要從多本名冊中找到想找的對象，更是一樁困難的工作。

由於使用上的不便，使得這些寶貴的資料無法被善用，最後只能淪為一堆無用的資料。

如果你想從這些人際關係當中，獲得更強大的助益，就要把名冊統整為一筆資料，還得是數位化的資料喔！

● 善用Excel統一管理個人資料

為了將名冊數位化後統一管理，如果名冊是紙本資料，就得先進行掃描，再用前述提到的OCR（光學字元辨識）功能將文字數位化。之後，再用Excel製作名冊，將這些文字資

料統整好。

使用 Excel 製作名冊時，如果像下圖那樣，在左方預設幾個類別欄位，之後在分類或篩選條件時，就會很方便。

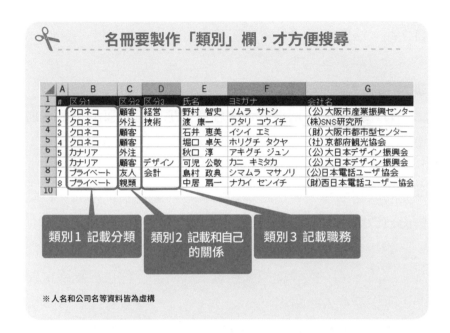

名冊要製作「類別」欄，才方便搜尋

#	区分1	区分2	区分3	氏名	ヨミガナ	会社名
1	クロネコ	顧客	経営	野村 智史	ノムラ サトシ	(公)大阪市産業振興センター
2	クロネコ	外注	技術	渡 康一	ワタリ コウイチ	(株)SNS研究所
3	クロネコ	顧客		石井 恵美	イシイ エミ	(財)大阪市都市型センター
4	クロネコ	顧客		堀口 卓矢	ホリグチ タクヤ	(社)京都府観光協会
5	カナリア	外注		秋口 淳	アキグチ ジュン	(公)大日本デザイン振興会
6	カナリア	顧客	デザイン	可児 公敬	カニ キミタカ	(公)大日本デザイン振興会
7	プライベート	友人	会計	島村 政典	シマムラ マサノリ	(公)日本電話ユーザ協会
8	プライベート	親類		中居 扇一	ナカイ センイチ	(財)西日本電話ユーザー協会

類別1 記載分類　類別2 記載和自己的關係　類別3 記載職務

※人名和公司名等資料皆為虛構

除了輸入地址或電子郵件地址等基本資料，還可以在備注欄輸入初次見面的人的特徵，或是見面日期等資訊。

此外，在網址的欄位，除了記錄對方的公司網址，如果有臉書或推特等社群帳號，建議也可以一併記錄，這有利於你回想對方的資料，或是了解對方的近況。

我曾經下決心把小學到現在的所有名冊和名片，通通建檔整理到 Excel 的清單裡。雖然花了不少時間，但也多虧了這些資料，我從工作領域到私人領域，都可以依照目的，馬上

找到我想要找的人，真的是幫助非常大呢！

當然，不只是名冊，剛收到的名片資料，也請趕快勤勞地歸檔到Excel的清單裡吧！

在進行這項作業時，還請記得多多善用我在前文提到的日文輸入法工具裡的「郵遞區號、住址的互換功能」喔。

● 請每年維護一次個人資料

有一件事要特別提醒大家注意，那就是名冊清單要定期維護。

過去到現在的個人資料，會一直持續新增，資料會隨著時間的累積變得龐大。隨著你的社會經歷愈長，相關資料就會愈來愈龐雜。

如果資料累積過多，就會出現臉和名字對不起來的情況。如此一來，搜尋就需要花費更多時間，你也很難跟重要的人建立更深入的關係。

想要與每個碰面的人都保持往來，這是不可能的事。你要從這麼多人裡面，找出對你而言真正重要的人，然後進行深入交往，這樣才會產生人際關係的善循環。

真正重要的人，應當不會很多的。

反過來講，在價值觀上相差懸殊，或是不投緣的對象，我們也沒有必要勉強自己與之往來。因此，大家不妨一年一度進行一下「人際關係的大盤點」吧！

具體而言，就是從Excel的名冊裡，挑出以後不打算來往的人，將該筆資料反灰（把該行的顏色改為灰色），或者

直接刪除。

藉由不斷統整、維護名冊，資訊的品質就會逐漸提升，為你帶來各種寶貴的機會。

未能妥善管理
工作進度或任務

　　我的公司以前在進度管理上曾經很鬆散，資料的共享也沒有正確落實，所以產品經常趕不上交期，甚至還發生訂單自動取消的情況。

　　而且，這種情況還反復出現過好幾次，你應該想像得到，當時負責這些工作的員工，是多麼疲於奔命啊！

　　實際上，比起工作內容本身，工作的執行方法或管理方式，才是決定工作成功與否的關鍵。

　　通常這類問題，你解決了一次，很可能數個月後還會再度出現。所以，我們必須確實掌握目前的狀況，迅速建立一套系統流程，防止相關問題發生。

　　如果你工作的地方，沒有這樣的系統流程，那你就自己建立一套吧。

　　大家聽到「建立系統流程」，都覺得好像很難吧？其實並不會喔。你只要思考如何確實執行每日的工作進度，以及如何管理工作任務就可以了。

● 工作進度或任務，要用一目了然的工具統一管理

　　這裡簡單向大家介紹一下，如何用Excel建立輕鬆管理的工具。

由於不同職場有不同進度流程或課題要處理，管理的對象也不盡相同，如果過於糾結在細節的管理，就難以即時掌握更新訊息，所以要盡量簡單化，建議只要彙整必要資料進行管理就可以了。

基本上，專案進度或工作任務的管理，只要包含下列項目，應該就能夠有效應對。

① **＃**：案件的管理編號，方便用來和其他人溝通

② **類別**：用於分類，也方便個別抽出案件

③ **顧客名稱**：集結數筆案件成為基本項目

④ **案件名稱／任務名稱**：專案管理的最小單位名稱

⑤ **現狀類別**：將任務進度分成「Open」、「On-Going」、「Close」三種，一個英文單字就能夠說明狀況

⑥ **現狀內容**：記載到目前為止的處理經過，或是依照時間順序記錄現狀

⑦ **最新處理日期**：記載最新的處理日期

⑧ **負責人**：記載個別案件的負責人

⑨ **期限／施行日期**：記載個別案件的截止期限

⑩ **網址或路徑連結**：記載相關網址或公司內部伺服器的路徑

⑪ **備注**：記載特別事項或相關紀錄事項

此外，如果再加上「報價金額」的項目，那這筆資料除了用於專案管理，還可以用於業務管理。

在我們公司，是使用介於專案管理和業務管理的「案件

清單」的名稱。

　　只要充分掌握應該納入管理的項目，即使沒有導入昂貴的資訊系統，大部分的資料應該都可以用Excel工作表妥善管理。

　　提到「專案管理」，有些人應該會想到甘特圖那樣複雜的時程表吧。除非是大型專案等時程很長的案件，個人的小案件，我就不建議使用甘特圖。

　　因為圖表這種工具相對複雜，更新起來比較費功夫，往往會有追不上更新的困擾。

　　這裡介紹的管理清單，只要出現新的項目，馬上就可以新增上去，還可以自行調整使用方式，使用層面非常廣泛，真的是很方便的工具。

　　在日常工作中，為了提升工作效率，請一定要善用這類工具喔。

案件清單的管理方法

案件清單範例

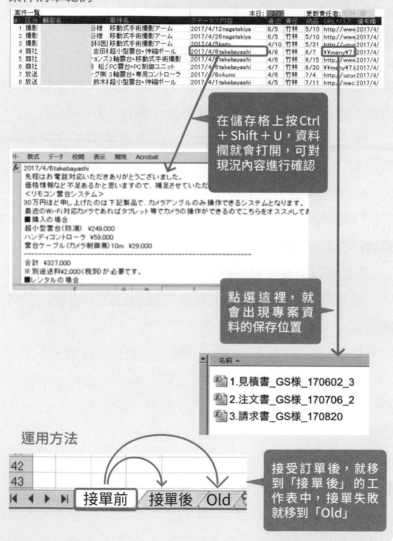

在儲存格上按Ctrl
＋Shift＋U，資料
欄就會打開，可對
現況內容進行確認

點選這裡，就
會出現專案資
料的保存位置

運用方法

接受訂單後，就移
到「接單後」的工
作表中，接單失敗
就移到「Old」

知識或經驗
只屬於特定個人

　　日復一日的工作中，你一定有很多機會，可以獲得新知識或經驗，我把這些新知識或經驗，稱為「knowledge」。

　　然而，這些knowledge實際上很少會被製作成紀錄或文檔，和公司人員共享。就目前來看，多數擁有knowledge的人，都是死守著不放的吧。

　　「咦！是這樣嗎？如果早點知道，我就不用費盡千辛萬苦製作資料了啊……」

　　「竟然有這麼輕鬆的做法！我完全不知道……」

　　如果你在職場裡，曾經聽過這樣的對白，就足以證明你們的knowledge並未有效共享。

　　換句話說，你們的知識或經驗，都只屬於特定個人而已。

　　明明是某人辛苦才獲得的知識或經驗，當然不能就這麼變成團隊或組織的公有財產吧！但是，這樣的話，豈不是很可惜？

● 有效共享 knowledge

　　前述這種想法，就是導致公司上下都犯同樣錯誤的原因。除非你從事的是個人的自由業，否則工作並不是只顧好

自己就可以了。

他人的好壞，多少都會影響到你的工作喔！

只要你有這樣的觀念：「個人獲得的knowledge，都要與團隊共享」，終有一天，你分享出去的好處，也會回到自己身上。

舉例來說，發給新進員工的教材、分享提案活動的成功事例，或是專業知識的說明資料等，都是最具代表性的例子。

如果目前你已經享有這些為自己帶來助益的資料，那都是多虧了前輩們遺留累積的knowledge。

雖然如此，也不是無論大小事，都要當作knowledge分享給大家。**讓組織大量共享低價值的知識或經驗，反而會造成職場上的混亂。**

那麼，到底是什麼樣的knowledge，才值得積極與人共享呢？

我建議值得共享的knowledge，有下列三種類型。

應該共享的三種 knowledge

❶ 活用價值高的知識或經驗

- 技術上的高度專業知識，或是研究資料等

- 可能創造營收或節省時間的祕訣等

- 有助於提升個人或組織的教育內容等

❷ 實際可行或可再利用的知識或經驗

- 以目前的技術能夠開發的商品，或是建築物的設計書等

- 以目前的食材可以做出的料理，或是菜單的料理指南等

- 以現有人力可以實踐的專案企劃書等

❸ 需要花費人力或成本，才能再次取得的知識或經驗

- 已經絕版的書籍，或是無法再次取得的資料等

- 貴的專業書籍、教材或分析資料等

- 只有參與者才能取得的展覽會資料或培訓資料等

● 建立有效管理、共享 knowledge 的環境

Knowledge 一般都是儲存在共用資料夾，或是使用群組軟體、雲端硬碟等工具來進行共享管理。

我之前服務的諮詢公司，把「知識貢獻」設定為人才評鑑項目之一。公司從制度面，建立了鼓勵個人分享 knowledge 的機制。

「把 knowledge 分享給別人，真是可惜啊！」這種想法很不可取，是錯誤的判斷，因為 knowledge 本身，是沒有任何價值的。

Knowledge 要與使用者的智慧結合，才得以體現價值。而且，讓 knowledge 不斷地傳承下去，最終才會產生更多 knowledge 或機會，回饋到你的身上。

如果你還緊抓著 knowledge 不放，請一定要試著分享給同仁。

每個人都用
不同方式處理定型業務

　　有些工作需要發揮創意，有些工作則是需要發揮效率，兩者的工作內容和做法大不相同。不過，職場上好像有滿多人，把這兩種工作的性質混在一起了。

　　比方說，需要創意的工作，或是娛樂領域的創作活動，這些需要發揮創造力的工作，就沒有所謂的正確答案。

　　有些人只能取得10分，有些人可以取得100分，甚至也有人可以取得1億分，因為這是講究獨創的工作領域。這個領域所要求的不是加法，而是能夠結合異質要素的乘法，這類工作是難以被定型化的。

● 定型業務有固定的形式

　　需要發揮效率的工作，就有所謂的正確答案。**所謂「最佳實務」（Best Practice），就是目的在於取得滿分100的工作方法，講求如何更快速、更正確地達到目標。**

　　舉例來說，大多數的文書作業，就是所謂的「定型業務」。這種工作「每個人都有不同的做法」是不行的。

　　實際上，很多人卻都反過來做。對於創作活動，大家做得很相似；至於定型業務，人人做得不一樣。**這種把兩種工作混淆的做法，只會降低效率，導致工作無效。**

● **避免業務執行出現偏差，要實施「流程化」和「範本化」**

　　想要避免業務執行出現偏差、提高生產力，最好的方法就是實施「流程化」和「範本化」。

　　對於初次執行的業務，或是日常比較少碰到的業務，「流程化」十分管用。不同類型的業務，在執行的「流程化」上也有所差異。

　　比方說，公司的基本業務或文書作業，流程化的執行就會相對較高，至於電腦的使用方式等，這種在操作上偏向個人化的業務類型，很多公司大都是沒有流程化的。

　　尤其是電腦軟體的安裝或設定，除了IT管理者，如果是自己比較少操作的程式，很多人應該都會忘記操作的流程步驟是怎樣的吧。針對這種情形，實施「流程化」就會發揮很大的效果。 在我們公司，電腦或事務機的設定操作等，全部採取「流程化」，因為我們想盡量減少內部在工作上「不必要的遲疑」。

　　「範本化」與「流程化」一樣，在提升工作效率上有很好的效果。電子郵件或報告資料等，我們每天都在製作類似的文件或報告，如果「流程化」就是把操作步驟標準化的話，「範本化」就相當於把文件或報告標準化吧。透過這兩種方式，就可以省下大把的作業時間了。

　　舉例來說，**如果實施「範本化」，就用不著花費太多心力在文章或資料的打字和版面調整了。**

　　大家一起從日常中修正工作方法，透過「流程化」和「範本化」，有效活用工作時間。

沒有改善的習慣，
經常在工作時出現遲疑不決

在流程不夠完善的職場，每個人在工作時，都很容易產生「遲疑」。這些「遲疑」的時間加總起來，有時還比「真正在工作的時間」還多呢！

如果這種遲疑，是遇到誰都沒碰過的難題所產生的「正常遲疑」，那就沒什麼好說的。

但如果是日常業務的系統或規則出現缺失，導致了「不正常的遲疑」，那就得設法解決問題了。

要是對這種缺失視而不見，不只會阻礙業務的進展，當同事累積的挫折感愈來愈多，幹勁和抱負也會受到打擊。因此，大家一定要好好盤點一下目前的業務流程，妥善加強工作的標準化。

● 消除業務執行上的遲疑

或許是口號聽起來很振奮人心，對於改善系統或業務流程，公司都很愛用「改革」這類的溢美之詞。從另一個角度來看，這些需要「改革」的職場，也是因為沒有即時進行改善，以至於累積了大量的「遲疑」所致吧。

「改革」這件事，比「改善」還要耗費金錢和心力，也伴隨著極高的風險。**如果平時就可以持續進行改善，應該會**

比偶爾的改革，還要來得經濟、有效果。

借用職棒名人鈴木一朗的名言：「每天都累積一丁點，是能讓你走得最遠的最快方法。」

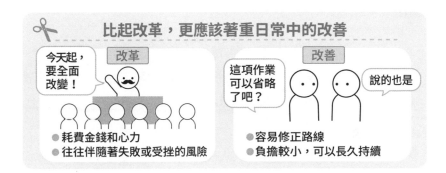

比起改革，更應該著重日常中的改善

今天起，要全面改變！

改革

● 耗費金錢和心力
● 往往伴隨著失敗或受挫的風險

這項作業可以省略了吧？

改善

說的也是

● 容易修正路線
● 負擔較小，可以長久持續

「改善」就是從小事情開始做起就可以了，而且事情愈小愈好，一下子就大張旗鼓，反而無法長久持續下去。

舉例來說，「為了控制開會時間，我們來準備計時器吧！」，「一天騰出5分鐘整理辦公桌」，「想要記住電腦快捷鍵的話，就一天記一個吧！」，大概就是這樣的程度，以做得到為主。

如果進行微幅的改善，中途想要修正，也是很容易的，風險也會降低。**與其聲勢浩大高舉改革之旗，不如謹記「保持勤奮改善勝於一切」的原則。**

建議大家可以把這種日常的小改善，納入公司制度或規定。在我們公司，都有安排定期改善的機會，例如：我們每個月都會進行一次流程修正，或是整理辦公室的環境。

對於工作失誤或紕漏毫無
所覺，就這麼放著不管

每個人都有工作出包，或執行任務出現紕漏的經驗吧。

當然，為了避免這些失誤發生，制定事前計畫或規則是必要的。但是，更大的問題是，人們對於失誤或紕漏，有時根本毫無所覺。

這些失誤或紕漏長期放著不處理，或許某天就會突然浮出水面引發大問題，或是造成一些看似毫不相干的其他問題。

情況嚴重的話，處理起來就會很耗時間。最糟糕的後果是，公司還可能因此失去長久以來辛苦建立的信用或資產呢！

我接觸過許多把工作打理得很好的人，他們讓我了解到，比工作技能更重要的，就是打造一個良好的工作環境。

實際上，如果能夠建立一個可以及早發現失誤或紕漏的工作環境，我們就可以盡量減少花在多餘應對的時間。

最重要的方法，就是「時間」、「數字」和「資訊」的整理，只要在這幾個方面養成良好習慣，馬上就會有顯著的改變。

❶ 時間的整理

時間，是最具絕對約束力的條件。**事先把任務或行程的期限，按照時間順序安排好，如果有疏漏或時間延誤了，很容易就會發現。**

此外，針對文書管理，如果也能根據最後更新日期或開始日期、提交日期進行時間上的排序，就可以有效減少「啊！我忘了做了！」這種低級失誤了。

❷ 數字的整理

報價金額或數值總計等，重要數字的計算公式或計算邏輯，一定要清楚地記在腦海裡。

商品代號等與管理有關的數字，則應該知道數字的排列順序或數字本身的含義。

如果有這樣的前提，再來瀏覽數字，就很容易察覺到計算或位數的錯誤，以及號碼排列錯誤等問題。

我之前進行企業重整時，也曾在財務報表上揪出日幣1圓的小錯誤，讓負責人員大吃一驚。

由於我在腦海中對數字設有一些前提，於是馬上就能察覺到不大對勁的地方，及時避免錯誤發生。之後，公司內部的業務品質，有了大幅度的提升。

❸ 資訊的整理

你必須有系統地消化、吸收周圍的各種資訊，就像腦袋會自動進行分類歸納那樣。**無論是文章結構或資料整理，如果你可以有意識地把內容或標題加以分類，很容易就能察覺到疏漏之處了。**

自己的失誤或紕漏，不要等別人發現，平常就要盡可能整頓好自己的工作環境喔！

不斷重複相同的失誤

誰都可能犯錯，但有些人就是會不停地犯下相同的錯誤。

這些人並不是沒有反省自己犯的錯，但是往往經過一段時間，又會犯下同樣的錯誤。

以往的我，也是這種人。犯錯之後的應對，只求能夠應付當下就好。因此，這種當下的反省，不能讓我獲得進一步的成長。

跟我有同樣困擾的人，建議你們不妨嘗試採取PDCA的工作管理流程。

所謂「PDCA」，是一種能讓事業或工作進展順利的循環管理，透過不斷重複「Plan（計畫）→ Do（執行）→ Check（查核）→ Action（改善行動）」四個步驟，就可以持續進行業務的改善工作。

不要漫不經心地執行日常業務，請把這四個步驟謹記於心，個人或組織自然就會有所成長。

提到PDCA，雖然很多人都聽說過，我還是在這裡簡單說明一下具體的執行方法。

● Plan（計畫）

所謂「Plan」，就是為了落實理想所制定的計畫。

「Plan」的關鍵就是，要設定具體的數值目標，這樣就可以擬定具體的計畫。

舉例來說，如果設定了「要讓網站的瀏覽人數，比現在多十倍」的高目標，你就會知道，只有勤於更新頁面的正面進攻方式是不夠的，還需要徹底執行相關推廣計畫才行，例如：實施SEO（搜尋引擎最佳化）對策、發新聞稿、投放廣告，或是和大企業攜手合作等。

● Do（執行）

「Do」就是實際執行Plan所制定的計畫。

以前述想要增加網站的瀏覽人數來講，就要把在Plan所擬定的更新頁面、實施SEO對策等計畫，全力以赴迅速實現。

● Check（查核）

「Check」就是查核在Do的步驟中所執行的計畫，了解已經達到什麼程度的效果。如果數字並未按照計畫進展，或是有多少％未達成時，就必須進行一定程度的原因分析。

● Action（改善行動）

「Action」就是針對沒有按照計畫進行的原因或事項加以修正。不過，不是改善了之後就沒事了，事情不能只做一半，這個時候，我們必須再制定新的Plan，進入新的PDCA循環。

PDCA循環管理的關鍵

Action
（改善行動）

計畫並未按照預定實現
找出原因，加以修正

<關鍵>
進行改善後
必須制定新的 Plan

Plan
（計畫）

為了落實理想制定計畫

<關鍵>
設定具體的數值目標

Check
（查核）

查核計畫的執行，了解已經
達到什麼程度的效果

<關鍵>
「多少%未達成」，要進
行一定程度的分析

Do
（執行）

執行制定的計畫

<關鍵>
速度是最重要的
全速執行

● 單次的PDCA循環，不要設定太長的時間

持續實施PDCA循環管理，業務或工作品質就會逐漸提升。

在個人工作上，實施PDCA循環管理的要訣，就是單次的PDCA循環，不要設定太長的時間。

一個循環如果設定太長的時間，往往執行到一半就很容易鬆懈，在變更計畫上也比較沒有彈性。

建議大家把PDCA循環設定在「單個循環三天左右」，然後不停地進行這樣的短期循環管理。

聽到「PDCA」，很多人可能會說「那個我早就知道了！」，不過「知道」和「做到」可是天差地別。

請大家一定要在日常工作中，導入這套PDCA的循環管理喔。

沒有具體改善生產力的機制

　　隨著工作方式的革新,現在到處都有人在討論提高生產力的方法。這種討論本身很好,但由於探討的議題過於廣泛,很容易淪為只是討論而已。

　　我認為,無論是個人或團隊,想要提高生產力,首先要著手進行的,就是提升IT素養吧。

　　現在,每間公司都有電腦,無論個人的能力或喜好,就像鍛鍊肌肉一樣,每個人只要肯勤加學習,任何人都可以具備良好的IT素養,效果也很顯而易見。

　　我說的「IT素養」,不是指建構系統或設計電腦程式的「IT專業能力」,而是指「活用IT的能力」。

　　為了提高生產力,首要之務就是加強IT素養,但我發現各家企業竟然都沒有加強IT素養的教育訓練。

　　雖然有管理人員培訓,或是專業技能培訓,但是用於提升知識性生產的「IT素養培訓」,卻比較少聽聞。如果有相關培訓,也都是一些教導使用Office軟體的「電腦教室」而已。

　　因此,個人在公司是否擁有良好的IT活用技巧,全都要看自己的造化了。

　　由於沒有提升IT素養的良好管道,從整體來看,有不少公司的員工,長久以來都持續著很沒有效率的工作方式。

即使公司制定了出色的戰略，也引進了最新的IT系統，卻總是無法達到預期的效果，問題往往就是出在這裡。

提到「提升IT素養」，用不著想得太難，大致上只要從「Windows作業系統」、「Office軟體」、「電子郵件系統」和「網頁瀏覽」四個方面著手，就可以明顯提升職場的生產力。

● Windows作業系統

針對「Windows作業系統」的各種功能，大家竟然都不是很了解的樣子。

你們現在所使用的電腦，其實只要作業系統設定得好，就能夠大幅提升電腦的執行效能。

詳細的內容，我會在第7章跟大家解說，大概就是電腦的初始設定被加了多餘無用的效果，使得電腦變慢等問題的處置方式。

此外，透過視窗操作或快捷鍵，也可以大幅提升資料夾的管理效率。

● Office軟體和電子郵件系統

「Office軟體」和「電子郵件系統」是使用頻率最高的，一旦改善，就可以明顯提升工作效率。

除了善用快捷鍵，能夠馬上叫出註冊單字的辭典功能，也是十分推薦給大家使用的便利工具。

● 網頁瀏覽

「網頁瀏覽」，就是要大家好好鍛鍊一下「Google搜尋」的技巧。

詳細的內容，我會在第8章跟大家說明。除了一般的搜尋功能，計算機、翻譯和Google地圖都是很好用的工具，如果會運用，可以讓辦公桌或公事包裡的東西減少很多。

想要提升IT素養，必須建立一套計畫，把學習項目具體化。有了具體的目標，才可以持續努力進步。

在我們公司，是用製作「IT素養清單」的方式，讓員工保持提升IT素養的習慣。所謂「IT素養清單」，就是類似資料庫的東西，收集了很多電腦或手機的常用快捷鍵，或是一些方便的操作技巧。

內容除了經常使用的Windows、Microsoft Office、Chrome、Gmail外，最近還加上臉書、iOS系統等相關操作技巧，總數超過七百項。

這份清單存在公司的共用資料夾裡，每次發現新的資訊，我們就會進行更新。

一天學會一項喜歡的技巧，在工作時和鄰近同事教學相長，自然就會養成學習新知和技能共享的好習慣。

由於公司員工的IT素養本來就參差不齊，想要提升團隊整體的素養水平，可能需要花費一段時間。不過，就像遊戲晉級或學習樂器那樣，只要用愉快的心情去做這件事，就可以持續下去。

27. 信封或各種單據,每次都用手寫一樣的內容
⇨ 活用印章、Excel 的功能或業務軟體,就可以提升效率

28. 紙本資料都手動 key in 到電腦
⇨ 資料不要用紙本保存,盡量數位化

29. 資料的確認或核對,都要親自逐字比對
⇨ 善用 Office 的尋找、取代功能,或是 Excel 的 Vlookup 函數

30. 類似的資料,每次都是重新製作
⇨ 善用範本,先思考是否有必要做成資料

31. 製作資料時,想要使用螢幕截圖,都得耗費一番功夫
⇨ 學會 Windows 的螢幕截圖技巧

32. 總是不斷 key in 頻繁使用的語句或地址
⇨ 善用 Windows 的辭典註冊功能,以及地址和郵遞區號的轉換功能

33. 疏於管理名冊或名片
⇨ 用 Excel 統一管理個人資料

34. 未能妥善管理工作進度或任務
⇨ 用 Excel 建立「案件清單」進行共同管理,清單包含本文列舉的 11 個項目

35. 知識或經驗只屬於特定個人
⇨ 不要緊抓著知識或經驗不分享,應該和大家交流共享

36. 每個人都用不同方式處理定型業務
⇨ 定型業務本來就有固定的形式,不必再用自己的方式處理

37. 沒有改善的習慣,經常在工作時出現遲疑不決
⇨ 與其大張旗鼓「改革」,倒不如每天持續「改善」

38. 對於工作失誤或紕漏毫無所覺,就這麼放著不管
⇨ 從「時間」、「數字」、「資訊」三方面著手整理事務

39. 不斷重複相同的失誤
⇨ 了解 PDCA 循環管理,納入工作流程中

40. 沒有具體改善生產力的機制
⇨ 提升「作業系統」、「Office 軟體」、「電子郵件系統」和「網頁瀏覽」
的 IT 素養

第 **5** 章

讓注意力
不再中斷
工作環境篇

辦公桌的紙本資料
堆積如山

辦公桌的紙本資料一旦堆積如山，就沒辦法很快找到重要資料，也搞不清楚到底哪一份才是最新版本。亂七八糟的資料堆，很容易讓你的作業產生混亂。

既然如此，那就把所有的資料都數位化不就好了嗎？但是，不管紙本也好，電子檔也罷，數量太多一樣會產生混亂。

將不必要的資料數位化，這件事本身就是在浪費時間，因為之後還要費事進行比對或刪除，反而浪費更多時間。

要讓資料量維持在正常的狀態，就是不要輕易進行數位化，應該先對紙本資料進行淘汰，捨棄不要的資料才對。**最重要的一貫原則，就是「不要存放任何不必要的資料」。**

● 如何果斷淘汰紙本資料？

如果沒有訂好淘汰的基準，就會產生「哪天說不定會用到？」的想法，然後讓資料愈積愈多。

所謂「淘汰的基準」，就是「可否再利用」、「可否再度取得」，以及「是否具有保存價值」這三點。也就是說，如果再利用的可能性很低，可以再度取得，價值又不高的話，就可以二話不說，直接淘汰。

一開始，你可能還會覺得有點遲疑，但是你會漸漸習慣的。

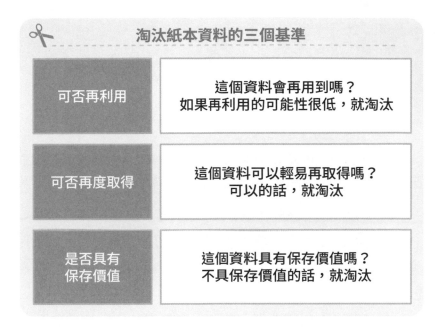

淘汰紙本資料的三個基準

可否再利用	這個資料會再用到嗎？ 如果再利用的可能性很低，就淘汰
可否再度取得	這個資料可以輕易再取得嗎？ 可以的話，就淘汰
是否具有 保存價值	這個資料具有保存價值嗎？ 不具保存價值的話，就淘汰

● **不要留著明信片或DM，要馬上丟掉**

顧客寄來的賀年卡，以及通知辦公室搬遷的明信片或DM等信件，如果放著不管，慢慢就會侵占你的辦公桌，然後奪去你的注意力或時間。

對工作沒幫助的明信片或DM，在確認過地址或連絡方式後，就應該隨手丟掉，請大家一定要養成這個好習慣。

此外，我們公司並不會去確認賀年卡有沒有中獎，與其浪費寶貴的時間，期待不切實際中獎，不如馬上丟掉，才是明智之舉。DM酷碰券等，由於會增加管理負擔，我們也都是採取丟棄處理。

不要為眼前的小利所惑，讓周圍環境隨時保持乾淨清爽，自然就會多出許多時間和餘裕了。

從一大堆的紙本資料尋找資料，花掉大把時間

從數量龐大的紙本資料中，拚命尋找目標資料，卻遍尋不著，你有過這樣的經驗嗎？

比起數位化的資料，要搜尋紙本資料是有條件限制的。

如果是小說家或插畫家等個人完成的工作，那還另當別論；若是團隊工作，只留存紙本資料，在資料共享上是極為不利的。

讓任何人在任何地方，都能便利取得特定資料，這就是資料數位化的意義所在。

● 一取得資料，就立刻數位化

跟先前比起來，現在的企業確實更邁向無紙化了。不過，在商談的場合，還是經常會拿到紙本資料。

有些企業甚至好不容易邁向無紙化，卻無法持續下去，反倒走上回頭路，恢復為全面使用紙本。

為了避免這種情況發生，我們應該養成一收到重要的資料，就迅速數位化的好習慣。如果沒有馬上進行數位化，辦公桌很快就會堆滿了紙本資料。

✂ **紙本資料一到手後，就立刻數位化**

收到紙本資料時……

整理後，再進行數位化	立刻進行數位化
辦公桌上的紙本資料愈積愈多，最後根本沒能數位化	馬上用手機拍照　當天就掃描存檔

喀嚓

　　紙本資料的數位化，通常都是用掃描的方式。如果人在外面沒有掃描設備的話，用手機拍照再傳送到自己的信箱就好了。

　　此外，也可以利用Google雲端硬碟之類的雲端儲存服務，同步備份檔案。

　　掃描後的檔案，可以利用OCR進行字元辨識，轉換成文檔保存，非常方便。

　　我在前文提過，複合機或掃描軟體都有OCR功能，Adobe Acrobat軟體也內建OCR功能，市面上販售很多專用軟體。

● 可以再度取得的資料，就不用數位化

前文提過，判斷手上的紙本資料要不要進行數位化的重要原則，就是這個資料能否從網路或公司內部再度取得。

如果是還能夠再度取得的紙本資料，就不必特地數位化，丟棄或用碎紙機處理就好。下次需要用到資料時，再去找來用。

需要數位化的紙本資料，只限於重要的資料，還有無法在網路或公司內部再度取得的資料。只要謹記這項原則，就可以避免數位資料的冗贅。

● 傳真不要列印出來，改由電腦接收

業務處理的主要工具，雖然早已改為電子郵件了，但是要讓傳真從辦公室完全銷聲匿跡，似乎還要一段時日。

根據顧客，有時我們也不得不接收傳真。傳真列印出來的紙張，如果放著不處理，一樣也會逐漸占據你的辦公桌。

而且，走到傳真機去拿傳真，還要花掉一些時間。如果是和工作有關的傳真資料也就罷了，有時只是一些廣告而已，還要浪費列印出來的紙錢，真是傷腦筋。

為了防止這種無謂的浪費，建議大家在接收傳真時，不要列印出來，改在電腦上接受資料並瀏覽就好。

具體的做法，可以使用複合機的功能，或是接收傳真的軟體，也可以申請電信公司的專屬服務，方法有很多。

透過這樣的方式，人在外面的時候，也可以確認接收的內容，真的很方便喔！

公司或個人的工作方式，要達到全面無紙化，不能只停留在想法的層次而已，要從日常工作就養成這些小習慣，勤加落實才是最重要的。

一定要把資料列印出來，光看電腦螢幕無法有效思考

阻礙無紙化的其中一項重要因素，就是「光看電腦螢幕，無法有效思考事物」。

邊看資料邊思考新案子時，如果不把每一張資料都列印出來看，腦袋就沒辦法運轉。有這種症頭的人，似乎還真不少呢！

到底是為什麼，光看螢幕畫面，無法有效思考事物呢？

那是因為我們長久以來，已經習慣於紙張所帶來的「方便瀏覽」和「即時性」吧。

舉例來說，把兩筆資料放在一起，思考兩者的不同之處，或是完成一項作業後，要進行下一項作業時，抽出相關文件資料來參考，如果是紙本資料，應該很容易辦到吧。

那麼，如果可以讓螢幕畫面更「方便瀏覽」，並且提高「即時性」，即使不用紙本，應當也可以順利思考了吧？

為了達到這個目標，我來向大家介紹幾種方法吧！

● **瞬間把兩個檔案並列在畫面上，讓資料更方便瀏覽**

在電腦上比對兩筆以上的資料時，很多人都會使用滑鼠調整視窗大小吧。但是，這樣的操作方式，不免讓人覺得「還是紙本比較方便啊！」

其實，像這類操作，只要運用快捷鍵，就可以瞬間做到了喔！

操作方式非常簡單，在開啟多個檔案時，只要按 Win +←或→，就可以馬上左右並列、互換位置。

只要使用這個快捷鍵，並列互換參照檔案，就算不列印出來，也可以快速對照作業了吧！

● 瞬間切換多個檔案或應用程式，提高即時性

同時處理數個檔案時，突然被其他事情打斷，很容易就會忘記自己原本處理的業務是什麼了，或是把數個檔案搞混了，失手更新到其他檔案。

這種作業上的困擾，也是大家傾向把資料列印出來的原因。這些作業上的失誤，都是因為無法同時處理數個檔案，導致注意力被打斷所致。

為了避免這樣的失誤，利用快捷鍵瞬間切換檔案或應用程式，是很有效的方法。

操作滑鼠來進行切換，不僅花費時間，又打斷注意力。如果使用快捷鍵，就可以馬上叫出目標檔案，減少大腦產生混亂的機會。

如果能夠同時處理數個檔案，在螢幕畫面上就可以輕鬆比對資料，有助於減少紙本的列印，達到促進無紙化的效果。

至於如何快速切換數個檔案或應用程式呢？我向大家介紹五種方法。

① 按下 Alt + Tab，就會出現數個視窗並列的選擇畫面，繼續按 Tab 鍵，就可以選擇你想要的目標檔案或應用程式。在開啟多個檔案的情況下，這個功能可以把所有檔案全部秀在電腦畫面上，讓你選擇，真的很方便。

② 按下 Win + Tab，可以開啟工作檢視（task view）功能，就算手指放開鍵盤，也可以透過上下左右鍵選擇檔案。這個功能可以讓你全面檢視你開啟的檔案，再進行選擇，也是很方便的功能。

③ 按下 Alt + Esc，不會出現選擇畫面，會直接切換到其他檔案或應用程式。在開啟的檔案或應用程式比較少時，這個功能還滿好用的。

④ 按下 Ctrl + F6，可以切換到其他同性質的檔案。當你同時開啟其他類型的應用程式時，這個功能只會讓你在同性質的檔案之間切換。比方說，你同時開了很多不同類型的檔案，但你只想在 Excel 的多個活頁簿之間切換，這個功能就很有幫助。

⑤ 按下 Win + D，你開啟的視窗全部都會最小化，再按一次，就會恢復最大化。當你開啟數個視窗進行多項作業，感覺就快要產生混亂時，建議可以用這個方法返回桌面。

習慣這些切換畫面的操作方法後，你很快就能有效率地在電腦螢幕上完成工作了。這樣做的好處，不只可以減少紙張的印刷量，還可以大幅減少不必要的成本或時間浪費。

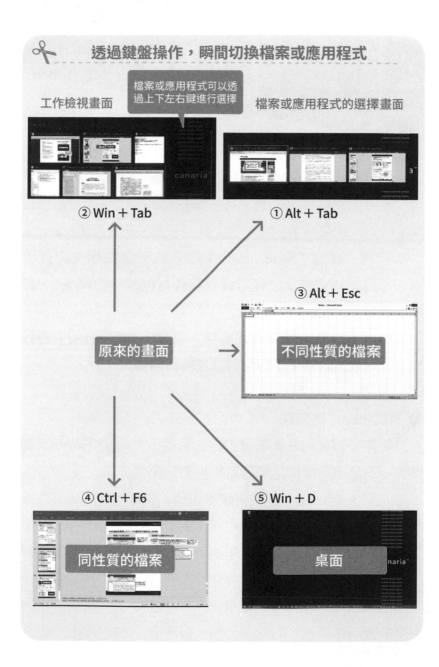

透過鍵盤操作，瞬間切換檔案或應用程式

工作檢視畫面

檔案或應用程式可以透過上下左右鍵進行選擇

檔案或應用程式的選擇畫面

② Win + Tab

① Alt + Tab

③ Alt + Esc

原來的畫面

不同性質的檔案

④ Ctrl + F6

同性質的檔案

⑤ Win + D

桌面

無法戒掉
手寫memo的習慣

手寫memo有速記的優點，只需要紙和筆，無論何時何地，都可以把資料記下來，甚至還有人拿餐巾紙或宣傳單等隨手可得的紙張做筆記。

不過，這種手寫memo之後幾乎都不會被拿來再度活用，到目前為止，我已經看過很多像這樣的手寫memo，被隨處扔著不管呢！

其實，**很多人都沒有注意到，這種「手寫memo」的行為，反而會讓日常生活的資料管理變得困難。**

● 手寫memo的缺點

要把手寫memo拿來運用在其他地方，必須先轉存到電腦裡，或是進行掃描存檔等數位化的動作。

如果手寫memo沒有按照時間順序排列，或是進行確實的分類整理，之後很容易發生與印象不一致或遺漏等問題。

此外，手寫memo還要用到筆類和修正工具，以及保管的檔案夾或筆記本，你還需要地方保管這些相關物品呢！

之後，如果某些memo資料已經不需要了，還要丟棄。丟棄的數量如果很多的話，恐怕也會造成一筆開銷吧。

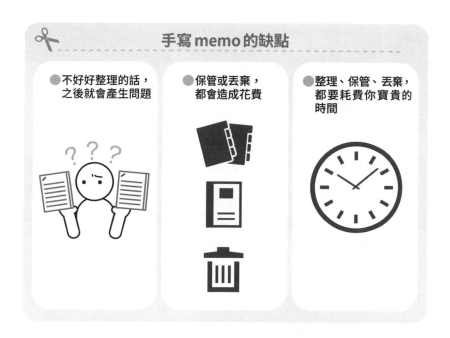

手寫 memo 的缺點

- 不好好整理的話，之後就會產生問題
- 保管或丟棄，都會造成花費
- 整理、保管、丟棄，都要耗費你寶貴的時間

換句話說，手寫 memo 本身，就像「負債」一樣，未來會奪走你的時間或金錢。這個缺點，是很多人都容易忽略的。

● 用手機做筆記

基於前述這些理由，我在外出時，如果真的迫於需要，會盡量用手機來做筆記。

我用的是手機內建的記事本，或是錄音軟體等可以簡單迅速操作的工具。

把資料記錄在手機裡，再寄到自己的信箱，或是透過雲端同步備份，很快就可以開始執行作業了。

習慣手寫 memo 的人，可以試著慢慢改用手機來做筆記，努力減少自己周邊的便條紙或小紙條。

沒有落實無紙化的相關規定

　　我因為工作的關係，曾經拜訪過各種類型的公司。有不少公司的辦公室，與外在形象差異頗大，辦公桌上堆滿了各種紙本資料，整個看起來很有便宜連鎖雜貨商店唐吉訶德的凌亂風格。

　　像這樣的公司，說他們沒有推行無紙化政策嗎？好像也不是這樣。只是因為他們的無紙化政策沒有徹底扎根，所以才無法減少紙本資料的產生。

● 真正的目標，是「打造一個資料共享的環境」

　　無紙化政策無法扎根的原因，是因為公司對於無紙化，往往喊的是「節省成本」的口號。

　　當然，無紙化也有節省成本的效果，但是只用這樣的方式，應該很難引發公司同仁的共鳴吧。

　　真正的目標，其實就是透過數位化，「打造一個資料共享的環境」吧！

　　舉例來說，如果把重要的紙本資料數位化，人在外面辦事情的時候，若是突然急需一些重要情報，就可以透過網路快速取得或傳送資料，這樣就不至於錯失商機了。

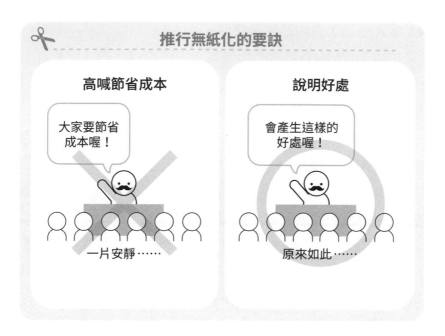

✂ - - - - - - - - - - - - - - - - - - 推行無紙化的要訣

高喊節省成本　　　　　　　　說明好處

大家要節省成本喔！　　　　　會產生這樣的好處喔！

一片安靜……　　　　　　　　原來如此……

　　如果可以向大家說明，透過實施無紙化政策，公司的每一位成員都將享受到的具體好處，這樣無紙化政策就得以順利推行了。

　　如果公司可以更進一步制定簡單易懂的規則，那會更有效果。

　　我們公司為了讓員工養成無紙化的習慣，制定了下列五項原則。

❶ 重要的資料都進行數位化

　　重要性相當於公司資產的資料，除了使用說明書以外，幾乎所有資料都會進行掃描，加以數位化管理。

❷ 讓人一目了然的檔案保管形式

數位化後的資料，是用紙本或電子檔保存的？還是兩種形式都有？為了讓其他人可以一看便知道，我們會在檔名的最後，打上「※紙本和電子檔已存」。

或者，在同一個資料夾內，直接把檔案的內容要旨設定為檔名也是可以的。

❸ 證據要發郵件給對方，由雙方共同保存

決策事項或協調同意紀錄等，雖然不至於要特別列印出來，為了保險起見，對於想要留存證據的交涉內容，應該要發送確認郵件給對方，這樣在郵件系統上，隨時都可以查得到這筆資料。

❹ 公司內部的資料，要求在10秒內可以找到

在我們公司，如果資料在10秒內找不到的話，就會從「規則」、「設備」或「素養」上面檢討，以期提升資料管理的素養。

這裡說的10秒，只是一個參考基準值而已。只要有效使用搜尋工具，幾乎所有資料都可以立刻找到，大概用不到10秒，就可以取得目標檔案了。

❺ 作業中、檢討中的場合，使用紙張也是OK的

不過，如果過度拘泥於數位化，對於不同類型的工作或人員，也可能產生負面影響。

尤其是需要想像力或創造力等講究創意的工作，紙張具備可以自由揮灑的特點，確實有助於發揮創意。因此，在進行這類作業時，我們也是贊成使用紙張的。

在推行無紙化的過程中，一定會有人跳出來說：「我就是一定要用紙！」針對這種情況，你可以要求員工做到「資料的最終保存，還是得進行數位化」的原則。如此一來，在不同立場之間，大概就可以取得折中的做法。

其實，我講的這些，都只是一些小技巧而已。但多數企業就是因為無法徹底遵守這些小事情，才放棄推動無紙化的環境吧？

誠如我在前文中提到的鈴木一朗的名言：「每天都累積一丁點，是能讓你走得最遠的最快方法。」

個人物品和資料
不斷增加

生產力與辦公室物品數量之間，有著極大的因果關係。

物品的數量愈多，找東西的次數就增加了。辦公室如果堆放了很多較大型的物件，就會妨礙作業動線，光是移動，就得多耗費一點時間；長久下來，就等於造成很多時間上不必要的浪費。

此外，辦公桌上堆積如山的資料，總是垮了再疊，疊了又垮。垃圾如果愈來愈多，為了清除這些東西，又要耗去許多時間和成本……這些事例，簡直多到數都數不清。

在這裡，我想告訴大家能讓辦公桌周邊一掃而空的方法。

● 目標：從擺脫個人置物櫃開始

一般辦公桌都會附上裝文具或文件的置物櫃，有些公司還會另外設置可以存放個人物品的置物櫃。其實，這就是物品或資料一直無法減少的原因之一。

我們人呀，只要還有多餘的空間，就會很大氣地想：「再放一些東西進去吧！」，於是東西就愈堆愈多。

不過，如果是「從明天開始，我就不要再用置物櫃了！」，實踐起來卻非常困難。

為了擺脫對置物櫃的依賴，大家可以落實這本書分享的

技巧，逐漸減少周圍的文具或紙本資料，循序漸進就可以了。

在我們公司，不是一人分配一個置物櫃，而是一個部門共用一個置物櫃。我們透過這樣的方式，來減少物品的增加。

● 把一些電子產品換成用手機操作

數位相機、IC錄音機、計算機、電子字典、桌上型掃描機、桌上型時鐘……愈是致力於提升工作效率的人，辦公桌上愈是容易被這些電子產品攻占。

這種辦公桌的主人，往往把「忙死了」的口頭禪掛在嘴邊。想想也是，辦公桌堆了那麼多的東西，要把這些東西一個一個找出來，的確是比較辛苦吧。

工作空間都被東西占得滿滿的，這樣到底要怎麼工作啊？這也是讓我感到不可思議的地方。

說實話，工作上根本就不需要用到這些電子設備吧，因為相關功能，只要一支智慧型手機就可以全部包辦了。

換言之，只要能夠全面活用手機的功能，就可以跟大多數的電子設備說掰掰了。

把一些電子設備換成用手機操作

10:00

一支智慧型手機包辦全部功能

● 擁有個人垃圾桶，垃圾反而變多

如何減少辦公室的垃圾，是每一間公司都會討論的課題。垃圾除了對環境造成影響，從經營的角度來看，也會產生不必要的勞力或成本。

雖說如此，公司裡的垃圾，實際上似乎沒有減少的跡象吧。究其原因，跟個人置物櫃是一樣的：公司建立了一個太方便丟垃圾的環境。

垃圾桶的大小，應該根據行業或職務有所不同吧。不過，如果至少可以廢除個人垃圾桶，我想應該就可以在一定程度上抑制垃圾量，或是減少處理垃圾的時間了吧。

更有效的做法，當然就是每個人都盡量養成不製造垃圾的習慣。舉例來說，如果善用數位化設備，控制印刷紙張或文具的消費，自然就可以讓垃圾減少了。

此外，從公司同仁那裡收到資料，要盡可能請對方提供電子檔，然後謝絕包裝紙或袋子，只要在這些小地方上做一些改變，一定就會有很大的成效。

● 不安排固定位置，東西就會減少

這幾年來，許多大企業的辦公室，都採用開放式辦公空間。但是，目前仍有很多中小型企業，還是以島型的固定座位為主流。

固定座位的優點，就是空間效率好，找人方便，管理者便於管理同仁的工作情形。不過，固定座位其實有很大的缺點，那就是個人的東西很容易愈堆愈多。

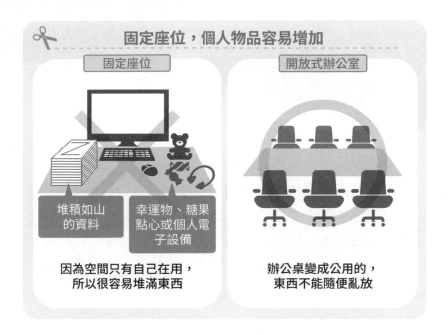

✂

固定座位，個人物品容易增加

| 固定座位 | 開放式辦公室 |

堆積如山
的資料

幸運物、糖果
點心或個人電
子設備

因為空間只有自己在用，
所以很容易堆滿東西

辦公桌變成公用的，
東西不能隨便亂放

　　如果不設置固定座位，你勢必就得經常移動位置，然後你就會傾向把資料都彙整在筆電裡。如此一來，辦公桌周邊的物品或紙本資料，就會愈來愈少了。

　　在我們公司，社長的專屬座位是不存在的，都是看當下哪裡有空位就坐哪裡。因此，我們的個人物品或工具，也不會放在公司裡。

　　「置物櫃」、「桌上一大堆的電子設備」、「垃圾桶」和「固定座位」，只要讓這四樣東西消失掉，無論是公司或個人，都會感覺到神清氣爽。你一定會發現手邊的時間、空間或金錢，變得更多了喔。

花了很多錢
購買文具或備品

請趁機環顧一下你的辦公室。

文件夾、訂書機、美工刀、膠水和筆，這些都是製作文書資料所需要的文具和備品。我們日常工作的周邊，到處都充滿了這些文具和備品。

這些備品的消耗速度很快，一旦用完，就得立即採購。

身邊的文具、備品很多，也意味著會產生「申請採購」、「批准」、「訂購」、「簽收」、「付款」、「管理」和「丟棄」等許多間接工時。

而且，到處都是文具的辦公環境，也不利於工作的數位化。傳統紙本資料和數位化資料參雜在一起，反而會產生重複或不一致的情況。

● 善用數位化和資料共享，可使文具或備品的開銷驟減

如果可以直接運用數位化的資料，那麼文具或備品的開銷將會大幅減少，不僅辦公桌的周邊將會變得清爽無比，你也可以省下許多相關間接工時。

只要善用電腦或一些數位工具，一直以來使用文具或備品的傳統作業模式，就可以改用數位化了。你就不必再跑一連串的採購流程，搜尋資料和資料共享也會變得更加容易。

　　舉例來說，如果確實將大多數的資料數位化，基本上就不大需要資料夾等物品了。

　　而且，隨著訂書機、美工刀或膠水等物品的使用率降低，個人就不再需要專屬擁有這些物品，想要用就到公區取用就好了。

● 每種用途的文具或備品，都精簡為一件就好

　　不過，仍有許多人對文具存有一種占有欲，這種感覺我也很能夠理解。就像在需要用到的時候，不必多加顧慮，馬上就可以拿來用的安心感。

　　尤其是負責文書作業，或是管理業務的相關人員，往往需要接觸到合約、公文等文件資料，所以不可能完全都不用到文具或備品吧。

　　因此，**我建議大家在文具的準備上，「每種用途都精簡為一件」**就好。比方說，在辦公桌抽屜裡或筆筒中，是不是有人有好幾支的黑色原子筆呢？

　　只是單一用途，沒必要特地準備好幾件相同的文具或備品吧。

　　一件文具可以重複使用，用於好幾種用途。慣於使用自己精挑細選的心愛文具，也有助於維持工作的高效率和高動力吧。

常常為了找東西
而分散注意力

調查顯示，一整年中，上班族平均花了150個小時在找東西上面。花費在找東西上面的時間，根本不會有任何產出，因此像這種「不事生產」的時間，應該盡量讓它愈少愈好。

● 決定物品放置的固定位置

為了不要因為找東西而耗去重要的時間，一定要決定好物品要放在哪些固定位置。

一旦決定好固定位置，東西要用的時候，就不用到處找，不僅浪費的時間變少了，也不用傷腦筋東西該放在哪裡。

由於我不用置物櫃，所以跟大家分享一下我在辦公桌面的陳列方法。就像右頁那張圖一樣，我會把筆電放在桌子的正中央，左手邊放手機，右手邊放文具，以及接下來要處理的文件，文件我會按照處理的順序放好。

如果空間不夠的話，把資料或物品稍微疊放也是可以的。物品的排列一定要有規則性，絕對不能亂放一通，這點要特別留意。

如果別人看到你的辦公桌，馬上就能看出你的分類方式或處理順序，這樣是最理想的。如果遇到一些問題，自己剛好又不在位置上，別人很快就能接手處理。

物品要固定放在相同位置，擺放要有規則性

● 辦公桌不要放跟當下處理的工作無關的物件

為了減少找東西的時間，還有一個很好的辦法，那就是辦公桌不要放跟當下處理的工作無關的物件。

有人說：「桌子的狀態，顯示出使用者頭腦裡的狀態。」**東西愈多，注意力就愈容易分散，很容易搞不清楚當下應該要做什麼事。**

實際上，辦公桌的文件或物品堆得比天高的人，工作上看起來總是特別忙亂的樣子。

為了避免類似情況發生，請大家一定要養成一個好習慣，那就是東西使用完畢，馬上就要歸回原位。

「下班時再整理吧！」、「等一下再一起整理」這樣的想法，只會讓整理這件事愈拖愈後面，辦公桌的東西只會愈堆愈多。

我們人呀，只要開始堆東西，不知不覺就會形成內心或頭腦的負擔，然後陷入動作變慢的惡循環中。

有時請你停下來檢視一下，順手整理你的辦公桌吧。這樣一來，有助於你工作變得更清晰、有條理，也有助於維持高效能的工作環境喔！

一整天都坐在
同一個位置上工作

　　工作的目的，就是要讓「附加價值最大化」。達成這個目的的最佳場所，本來就會隨著工作內容或時機不同而改變。

　　不過，絕大多數坐在辦公桌前的上班族，除了吃飯和休息之外，都不會離開自己的座位，每天從早到晚，都待在同一個位置上工作。

　　這種制式的工作方式，在不知不覺中，會使思考變得僵化，因而錯失獲得新構想或新靈感的機會。

● 隨著工作內容改變座位

　　正如「流水不腐」這句諺語所言，為了保持工作的新鮮度，在空間位置和思考上，都必須保持流動的狀態。

　　尤其是空間位置的流動性，我認為應該要配合工作內容，轉換到適當的工作場所。這樣，不僅可以提升專注力，透過接觸不同景色或不同人，也會引發新的構想，好處不少。

　　在我們公司，考慮到業務內容和溝通效率，我們仍然保持區域劃分比較彈性的辦公空間。但是，每個座位並未規定專屬於特定個人。

　　為了配合不同的工作內容，我們還設置了數個不同用途的辦公空間。

　　所有公司都有空間上的限制，為了讓工作產生更高的附加價值，我認為應該讓工作者了解，要如何配合工作內容，選擇最適當的地方工作。

● 在放鬆的場所工作，才能有效催生創意

　　在眾多工作中，最受環境影響的工作種類，就是創意型的工作了。

　　如果創意可以源源而生就好了。不過，創意和定型業務不一樣，往往無法說來就來、如預期產出。有時，還得經過長時間的醞釀，才能夠產出一個創意吧！

　　著名創作人士常說，創意就像「靈光一閃」，但是在許多情況中，那是因為他們平常就已經在不斷思考，只是在放鬆下來的瞬間，才突然蹦出創意的吧。

　　至於什麼樣的場所，可以讓人感到放鬆？我想，這是因人而異。

　　某份問卷調查顯示，「浴室」、「廁所」、「床上」、「圖書館」、「車子裡」等空間，是最容易讓人產生靈感的。我覺得，似乎也不難理解呢。

　　以我自己為例，我在離開辦公室去超商買咖啡的途中，偶爾遠眺一下六甲山的山景，往往會瞬間浮現新的構想。

　　為了順利催生靈感，建議大家也要找到一些可以放鬆的空間喔。

第5章總結

41. 辦公桌的紙本資料堆積如山
⇨ 基於「可否再利用」、「可否再度取得」，以及「是否具有保存價值」三項標準，判斷是否淘汰某些紙本資料

42. 從一大堆的紙本資料尋找資料，花掉大把時間
⇨ 養成一拿到紙本資料，就馬上數位化的習慣

43. 一定要把資料列印出來，光看電腦螢幕無法有效思考
⇨ 善用切換畫面的快捷鍵，使電腦更「方便瀏覽」和提高「即時性」

44. 無法戒掉手寫memo的習慣
⇨ 了解手寫memo的缺點，養成用手機做筆記的習慣

45. 沒有落實無紙化的相關規定
⇨ 充分說明無紙化的優點後，制定無紙化的相關規定

46. 個人物品和資料不斷增加
⇨ 廢除個人置物櫃、個人垃圾桶和固定座位，用手機取代一大堆可被取代的電子設備

47. 花了很多錢購買文具或備品
⇨ 善用數位化和資料共享，個人文具每種用途都精簡為一件就好

48. 常常為了找東西而分散注意力
⇨ 決定物品放置的固定位置和規則性，辦公桌只放需要用到的物件

49. 一整天都坐在同一個位置上工作
⇨ 要有「隨著工作內容改變座位」的靈活想法

第6章

不再「好忙」、
「做不完！」
時間管理篇

無法活用零碎時間

在電車裡或車站月台上，我經常看到呆然佇立的人。當然，這並不是什麼壞事，不過想想我們一天當中的活動，像這種零碎時間，其實出乎意料的多吧。如果善加運用的話，不就可以拿來處理很多事了嗎？

拿身邊最常見的例子來講，過馬路時等紅綠燈，在超市排隊等待結帳的時間，或是在醫院候診的時間，這些都可以算是零碎時間。

我的個性就是不能夠什麼事情都不做，只讓自己傻傻發呆的那種。因此，**如果有類似的零碎時間，我就會思考可以準備做哪些事情。一旦養成這種思考習慣，你會發現，每天的工作都變得更有效率。**

● 外出時的零碎時間，是拿來處理郵件的最好時機

在筆電普及之前，辦公室都是使用桌上型電腦，所以往往會遇到「只要外出辦事後回到公司，就會有一大堆郵件寄過來」的情況，真是令人感到厭煩。

不過，智慧型手機出現了以後，大幅改變零碎時間的運用方式。最明顯的，就是處理郵件這件事了吧，只要載入郵件程式設定好，就可以跟電腦一樣收發郵件。

以我為例，我的個人帳號和工作用的帳號，都是用Gmail。無論公私事，我都會利用零碎時間迅速處理雜事。

不過，關於Gmail的使用環境或運用方式，每間公司都有資安設定，建議先跟相關負責人員確定比較好。

運用零碎時間處理郵件，和平常的處理方式不一樣的地方就是，比較沒有時間慢條斯理地琢磨文字。因此，建議你像下圖那樣，設定郵件處理的優先順序。

運用零碎時間處理郵件時，要先設定好處理的優先順序

| 看過即可的郵件 | ＞ | 現在馬上回信的郵件 | ＞ | 稍後回信的郵件 |

郵件要盡量寫得簡單扼要，方便接下來用於任務管理，然後在Bcc時把自己加入收件者名單就可以了。

此外，我想告訴大家一個小技巧，簽名檔可以維持「從我的iPhone傳送」，或是運用內建辭典，每次都在郵件文末輸入「從我的iPhone 傳送」字樣。這樣，即使郵件字數過於精簡，大家也不會太跟你計較。

● **利用零碎時間瀏覽新聞網站**
人是禁不起誘惑的生物，也是求知欲旺盛的生物。

我覺得網路新聞是最要不得的，因為網路新聞和報章雜誌不同，總是毫無限度地滿足我們的八卦需求，而且還是免費的。

　　這類網路新聞如果點進去看的內容言之有物，那也就罷了。但是，我們經常看到內容偏頗的假新聞，或是標題巧妙、聳動，引誘我們花費時間瀏覽花邊新聞。

　　為了避免落入這樣的「圈套」，不妨先設定瀏覽新聞的場所、時間、方式和內容。

　　以我為例，我會把平常經常瀏覽的媒體，全部加入網頁書籤。數量雖然多達數十筆，但是在瀏覽的時候，我會把這些網頁都點開來，再運用零碎時間，把想看的標題內容快速瀏覽一遍。

　　這個過程大約花費10 ～ 15分鐘的時間，大概是等待轉車的時間就夠了。其他時間，我不會拿來瀏覽新聞網站。

　　在資訊過剩的時代，我們要學會拒絕過多的資訊，也要加強活用零碎時間。

● 有效運用商談前後的零碎時間

　　拜訪商談對象途中的零碎時間，除了可以用來事前確認商談內容，建議也可以瀏覽一下見面對象的社群網站或相關網頁。

　　先做過功課，就比較容易找到話題切入，也因為知道對方的近況或想法，整體的商談品質得以提升。

　　活用零碎時間的祕訣，就是事先決定要在什麼樣的場

合，做什麼樣的事。

　　如果養成這個好習慣，你就不會經常感到茫然，也更能夠有效活用時間了。

　　除了這裡介紹給大家的方法，可以利用零碎時間處理的事情，應該還有非常多吧。請你也要找到方法活用零碎時間喔！

工作經常退回重做

　　「交代給部屬的工作經常退回重做，真的很傷腦筋……」，很多年輕主管會到我這邊諮詢類似問題。

　　「工作退回重做」，往往是工作品質不夠好，要求對方重做。不僅交付工作的一方，工作會因此延宕，被要求重做的部屬，也很容易心力交瘁。這對雙方而言，都不是好事。

　　一味要求工作趕快做好，反而降低了工作品質，事後為了補救，又浪費了更多時間。像這樣的例子，實在是多不勝數。

　　次數一多，就算工作十分賣力，反而會降低自己的評價。

● 釐清工作的「目的」和「目標」

　　工作經常退回重做的原因，當然也與能力或經驗不足有關。不過，更多是因為沒有釐清工作的「目的」或「目標」，反正就是先做做看所致。

　　這樣的做法，往往之後得耗掉更多時間補救，尤其是開發專案或建設專案，工作規模愈大，就愈容易衍生嚴重的問題。

　　最近比較少聽到「精實創業」（Lean Startup）一詞，但是這個詞先前流行過一陣子，當時有一部分人不解其意，在

工作上倉促行事，一個一個都吃了大苦頭。

　　很多時候要進行新的嘗試，當然需要一鼓作氣，但尤其是不容失敗的情況，在著手進行之前，建議還是要把「目的」和「目標」搞清楚比較好。這樣一來，執行方向就不容易走偏，比較容易獲得成果。

　　我之前待過的外商諮詢公司，無論是大學畢業就進公司的員工，或是中途跳槽過來的員工，在會議或專案開始之前，都有一個習慣，就是會先搞清楚「目的」和「目標」是什麼。

　　我覺得這個習慣對於維持專案的品質，或是縮短工期都非常有幫助。

● 何謂「目的」、「目標」？

　　所謂「目的」，就是指「必須達成的狀態」，而「目標」就是指「必須達成的事項」。

　　比方說，我經營的解謎活動企劃公司「@Black_cats_cube」，企業標語是「以雀躍的心改變世界」，這就是我們的「目的」。

　　為了實踐那樣的狀態，我們必須達成下列三項「目標」。

- 盡可能讓更多人體驗解謎的樂趣
- 透過解謎活動，建立與他人的合作關係
- 透過解謎活動，讓整個地區活絡起來

這個例子，就像是願景、任務等「大框架」的議題。不過，拿來用在日常工作裡的小任務，其實也是一樣的道理。

「一個目的，三個目標」——工作經常被退回重做，達不到成果的人，可以參考這個基本模式，在著手進行工作之前，養成先確認「目的」和「目標」的好習慣。

「這件工作的目的是什麼？」

「為了達到目的，應該要怎麼安排才好？」

平時工作如果有養成這樣的思考習慣，應該可以減少白做工、被退回重做的頻率了吧。

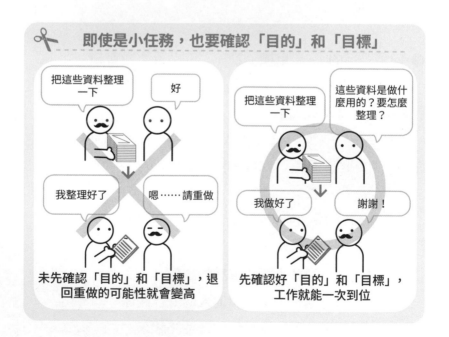

✂ **即使是小任務，也要確認「目的」和「目標」**

把這些資料整理一下

好

我整理好了

嗯……請重做

未先確認「目的」和「目標」，退回重做的可能性就會變高

把這些資料整理一下

這些資料是做什麼用的？要怎麼整理？

我做好了

謝謝！

先確認好「目的」和「目標」，工作就能一次到位

一開始，你可能會覺得有點束手束腳，習慣了之後，你自然就更能掌握工作的目的和目標了。而且，最大的好處是，你做事不大會失去方向，會愈來愈有自信喔。

制定好的計畫總是延宕

　　有些人明明制定好計畫，卻總是延宕。

　　某些工作延宕，或許情有可原，但計畫之所以延宕，大致上都有一個共同特徵，那就是思考模式大多為累進思維，又過於低估每個環節所需要的時間，因此完成工作往往大幅超過截止期限。

● **整體的流程設定，要從目標逆推回來**

　　為了避免計畫延宕，要從預設目標進行逆向思考，進一步導出具體的「實踐步驟」。

　　接下來，以我經營的「@Black_cats_cube」為例，我在前文提過「@Black_cats_cube」有三個目標，我來告訴大家，要達成這三個目標，需要經過哪些步驟。

＜目標1＞ 盡可能讓更多人體驗解謎的樂趣

步驟

- 架設簡單有趣的網站
- 定期利用新聞稿、社群媒體和電子報發送訊息
- 根據集客狀況，由負責人個別邀請顧客或熟人參與

＜目標2＞透過解謎活動，建立與他人的合作關係

步驟

- 設計單憑一個人的知識或時間無法解開的謎題遊戲
- 當日主持的工作人員，要督促大家組成團隊破解謎題
- 表揚解開謎題的團隊

＜目標3＞透過解謎活動，讓整個地區活絡起來

步驟

- 邀請店家參與遊戲企劃
- 設計會引發相關消費的遊戲
- 當日主持的工作人員，要委請當地居民協助

像這樣，把每個步驟都劃分清楚，才可以預估每個階段所需要的執行時間。**有時，可以把步驟再細分成任務或作業去落實，這樣就可以提高執行的精緻度。**

● 劃分出來的步驟或任務，要留有一些緩衝餘地

當然會有一些偶發事件，或是意料之外的問題，因此在步驟或任務的執行上，建議要保留一些緩衝餘地。

執行計畫，如果預留一點緩衝的時間或空間，就算有一些突發意外，也比較能夠沉著應對。

大多數總是趕不上截止期限的人，大概都是沒有預留緩衝餘地，把行程安排得太緊湊所致。

　　那麼，到底要預留多少緩衝的餘地才好？在進行工作之前，請先檢視一下下圖，評估你可能會遇到多少工作變數吧。

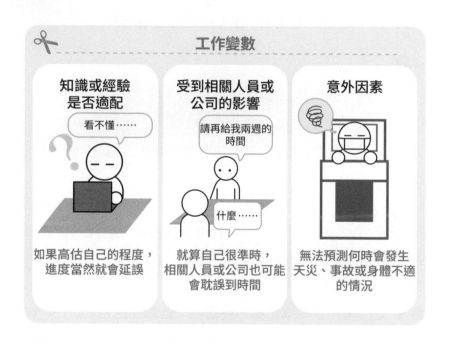

此外，如果你期待按照既定計畫完成的話，不是只有設定目標就好了，還要養成每天確實執行步驟的習慣喔。

　　在這裡要特別提醒大家，一定要考量到工作變數，為自己預留一些緩衝的餘地。

狀況百出，
一直需要救火

工作或專案，其實很容易無法按照預定計畫進行，尤其是執行期很長的專案，根本就不可能不發生任何問題。

每當進行全新項目時，很多人遇到問題時，都會心想：「我的運氣好差啊！」，感覺有點無能為力。不過，有很多不必要的問題，或許其實都是自己招惹來的？

我在前文跟大家分享過，為了應付可能會發生的問題，我們得預留一些緩衝的餘地。

其實，還有另外一點必須注意，那就是對於可能妨礙達成目標的阻礙，都要盡可能事先排除掉。沒有意識到這一點的人，就會被捲入不必要的麻煩當中。

換句話說，**我們要預測可能會發生的問題，然後事先想好對策，這樣就可以大幅提高計畫成功執行的可能性。**

問題發生的原因和對策，大致上可以歸納為下列三點。

❶ 搞錯工作前提

雖然很努力工作，但是長期努力卻得不到結果，這很可能就是因為過於專注處理眼前的作業，搞錯了工作前提所致。

為了及時修正，建議有時候要回過頭來，檢視一下專案或工作的前提才好。

❷ 報告不足，或是沒有取得相當共識

到目前為止，我看過非常多的專案，在最後一刻遭到相關人員或關鍵人物整個推翻的情形了。

其中大部分的案例，都是如果當初能對關鍵人物提出更仔細的報告，或是進行更周詳的共識決策，就能夠避掉的。

人只要迫於時間壓力，往往就很容易忽略這個環節。但是，工作是建立在與他人的信賴關係之上的，我們要謹記於心。

❸ 工作進行時，沒有確認品質

至於某些情況，則是在即將達成目標時，才發現工作品質不夠完善。由於已經接近完成目標，所以大部分都已經很難再做什麼事來徹底加強了。

這類問題，應該在每個工作步驟都仔細設定確認要項，只要確認品質都是 OK 的，應該就可以避免掉。

● 要事先準備「最糟情況」的替代方案

實際進行工作時，除了前述的事前對策，也要事先準備好發生問題時的替代方案，這樣就可以更安心、更穩定地執行計畫。

在這裡，我預設了三種最常見的最糟情況，並且介紹相應的替代方案。

❶ 人手不足

員工臨時請病假，或是突然離職，造成人手不足，這些

情況都是大家不樂見的，卻不少見。

　　為了事到臨頭不慌不亂，應該在事前就決定誰是職務代理人，或是先準備好業務流程手冊。最好能夠建立一套制度，讓一項工作可以找到數個職務代理人，這樣才是最安心的做法。

❷ 時間不夠

　　低估了所需的時間而趕不上交期，或是使工作品質大為下降，這些都非常要不得。不過，無論多麼小心留意，也可能會因為一些意外的問題，面臨時間不夠的窘境。

　　所以，**當時間真的不夠時，要放棄什麼？要改變什麼？這些事情，都必須先想好才行。**要是真的遇到緊急狀況，才能夠把損害減到最輕。

❸ 資金問題

　　「資金比預期的更快燒完」，「因為遇到一些問題，發生了意外支出」，這類與資金相關的問題不勝枚舉。

　　「萬一發生資金問題時，要停掉哪方面的支出？」「即使沒有資金，在短期內有什麼方法可以撐過去？」這些方案都必須事先決定好，才可以降低遇到資金問題就GG的機率。

　　我在這裡介紹的「最糟情況」，不是隨便講講而已，都是我親身經歷過的事情。

　　「盡量減少阻礙計畫實現的原因」，「預先想好問題發生的替代方案」，由於我經常把這兩項原則放在心上，所以才

能夠在經歷了這麼多次的最糟情況後，都化險為夷。

　　如果你想讓工作計畫安穩進行，除了計畫內容本身，你還必須具備預測問題的洞察力，以及遇到問題可以妥善解決的應變力。

分不清楚什麼事該做、什麼事不該做，甚至因此超時工作

　　有些人，每樣工作都想插手做一點，最後沒有一件事情做得好。或許是想要表現積極的工作態度吧，但如果不具備相當的執行能力或資格，就會出現適得其反的結果。

● 決定什麼事該做、什麼事不該做
　　為了避免這種情形，建議事先想好做與不做的判斷基準。
　　以我為例，**我會從「緊急度」、「重要度」、「必要工時」這三個角度，決定做事的優先順序。**

① **重要度高、緊急度高、所需工時多／少**
→ 馬上處理
② **重要度高、緊急度低、所需工時少**
→ 稍後處理
③ **重要度低、緊急度高、所需工時少**
→ 立刻處理
④ **重要度低、緊急度高、所需工時多**
→ 有時間就處理
⑤ **重要度低、緊急度低、所需工時多／少**
→ 不處理

有些人遇到④和⑤的情況會搶著做，但其實這兩者有很多都是不做也沒差的事情。實際上，只要處理好①②③的事情就足夠了。

如果把不必要的事情都先排除掉，剩下的就全是必要處理的事情了，這樣就可以毫不遲疑地採取行動了。

● **小心工作不要畫蛇添足**

除了排除不必要的事情，也要小心工作不要畫蛇添足。

拚命工作雖然是好事，但是過於埋頭苦幹，投入了超過工作價值以上的時間，就變成本末倒置了。我覺得，這就是日本工時很長的原因。

另一方面，普遍被認為生產力很高的德國等歐洲各國企業，雖然很講究產品品質或設計，但是在資料製作或管理業務方面，卻只花費最低限度的時間處理，這是適當的省工節時。**處理事情的要訣，就是要張弛有度。**

為了避免工作畫蛇添足，我們要留心下列三點。

* **正確理解工作的目的和目標**
* **理解工作的價值**
* **預設投入的時間和心力**

請以這些要點為前提，適當省略部分的工作，就可以減少工作上的畫蛇添足，省下許多寶貴的時間。

舉棋不定，
遲遲無法下決定

有些人在必須做決定時，往往會無意識幫自己多加一些選項來添亂。

大概是因為感到不安吧，心裡想著「那個也得做、這個也得做」，然後遲遲下不了決定。

下不了決定或判斷，影響的不是只有自己而已，有時也會因為工作耽擱而拖累到整個團隊。簡言之，能夠快速下判斷，也是一項非常重要的工作能力。

● 沒事不要準備太多選項

如果你想盡快加速決斷速度，就不要給自己增加多餘的選項。**大家都知道，選項愈少，所需要的判斷時間就愈少吧。**

我平常就一直留意不要讓周圍出現太多選項，比方說，我的服飾或隨身物品都會極力簡化。

在工作上的判斷也是一樣，3選1和10選1必須考量的前提，是非常不同的。

其實，真正有考量價值的選項，大概只有前3～5項而已。如果是這樣，那一開始就從前3或前5的選項來做判斷，結果也差不到哪裡去吧，這樣才稱得上高效又合理的決斷。

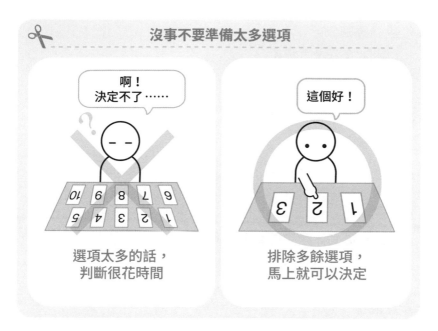

✂ 沒事不要準備太多選項

啊！
決定不了……

這個好！

選項太多的話，
判斷很花時間

排除多餘選項，
馬上就可以決定

● **想要當機立斷，首先判斷基準要明確**

　　除了簡化選項，平時就要有明確的判斷基準，這樣才可以縮短判斷的時間。

　　所謂「判斷基準」，大致上就是「倫理觀」、「社會意義」、「好奇心」、「效益」和「實現性」。

　　這五個角度幾乎涵蓋了所有狀況，每個角度應該考量什麼內容並不是絕對的，我覺得這部分就由個人決定就好。下列是判斷基準的大原則和解說，（　　）是我的基準範例。

① **倫理觀**

　　有沒有違反道德？

　　（如果不會傷害到任何人，GO。）

② 社會意義

對社會是否有貢獻？

（可以解決某些社會問題，GO。）

③ 好奇心

是否真心感興趣？

（如果是有趣或很酷的事情，GO。）

④ 效益

能夠帶來什麼方便或好處嗎？

（可以創造時間和金錢，GO。）

⑤ 實現性

能夠付諸實踐嗎？

（實踐可能性達30％，GO。）

「倫理觀」是一定要的，我在這些項目裡面，最重視的是「好奇心」。

回想我過去的判斷，經常都是根據有趣與否來做決定。設立公司或經營事業，我都是先從「好奇心」的角度來判斷的，依序才是「效益」、「社會意義」和「實現性」。

● 在不同場合，發揮你的直覺

有時，靠直覺來做判斷，不失為一個方法。

聽到「直覺」，很多人可能會聯想到「瞎猜」，實際上絕非如此。直覺，可以說是一種尚未外顯的潛在意識。

　　直覺歸右腦管轄，右腦還負責管理圖像辨識和記憶等，在能夠瞬間處理資訊的能力上，遠勝於左腦。因此，如果我們可以善用直覺，就可以大幅加快工作速度。

　　其實，某些場合很適合用直覺來做判斷，那就是「看穿人性」、「察覺機會」和「感知危險」三種情況。

　　資料的蒐集是有限的，按照常理去做判斷往往也是有限的。這個時候，如果能用直覺來做判斷，估計可以收到更大的效果。

　　總歸來講，簡化選項、掌握判斷基準，有時發揮一下直覺，可以讓你更迅速、有效地做判斷，獲得極大的成效。

不擅長任務管理，
經常漏東漏西

在眾多工作術中，大家最常找我談的，就是「任務管理」的方法。

所謂「任務」，請大家想成是「工作或作業的最小單位」。

到目前為止，我遇過各式各樣的人，但我從沒看過有人可以完美執行「任務管理」的，大家好像都會各自遇到大大小小的問題。

● 任務用 Gmail 和 Google Tasks 統一管理

我看到許多人在管理任務時，會用紙本手冊、Excel 工作表或任務管理程式等工具來進行管理。但是，這種做法往往跟不上資料更新的速度，最後大都無法持續。

我建議大家在執行任務管理時，只用一種工具統一管理就好了，因為這樣可以大幅減少可能的疏漏。

我自己是用可與 Gmail 連動的 Google Tasks 統一管理的，由於任務往往從溝通交流中產生，我覺得這套組合工具十分符合直覺使用。

在這裡簡單向大家說明，我是如何使用這項工具的，這是我的獨門管理方式。

首先，我會用 Tasks 建立新清單，打上「1. 任務（自）」

和「2.任務（他）」。

「1.任務（自）」是指自己有執行責任的任務，而「2.任務（他）」則是他人有執行責任的任務。在「2.任務（他）」裡，也包含傳送給他人的回覆郵件等內容。

交付任務給別人或承攬任務時，無論是自己的任務或他人的任務，一律都透過郵件處理。

任務委託者傳送郵件給受託者時，雙方都應該把郵件存入清單，加以管理。

如果是自己設定的任務，又由自己管理，就把任務郵件寄給自己，然後在 Cc 加入自己和相關人員。

一般來說，任務郵件的主旨，大概是「0320 請求批准報價 岡田」這樣，簡單打上「希望期限」、「任務名稱」和「負責人姓名」。

傳送任務郵件給外部人員時，不用打上「希望期限」和「負責人姓名」，之後存入自己的清單時，再另外備注上去就好了。

要將郵件傳過來的任務存到清單上，只要點選收件匣裡的郵件，然後按 Shift ＋ T，資料就會立刻被輸入上次關閉的清單裡。如果被歸到不同的清單時，移動到正確位置就可以。

任務管理步驟

❶製作任務（自）和任務（他）

②點選向下箭頭

TODO リスト
2. 任務（他） ▾

1. 任務（自）

2. 任務（他） ✓

建立新清單

❶在Gmail上按G→K，就會打開清單

③點選「建立新清單」→製作「1. 任務（自）」和「2. 任務（他）」→完成

❷用郵件交付或承攬任務

❶在郵件主旨打上「希望期限」、「任務名稱」和「負責人姓名」再寄出

※交付任務時，把自己也加入Cc中

※有些對象可以省略「希望期限」和「負責人姓名」，之後加到清單再備注就好

☐ ⏩ 岡田充弘 　　📥 🗑 ✉ 🕐
　 0329 業務清單修正 miche
　 -------- Forwarded mess...　　@ ☆

②在Cc選擇寄給自己的郵件，然後按Shift＋T

❸在清單加入任務，加以排列

❶加入清單→按Ctrl＋↑↓，按照期限順序加以排列

2.タスク（他） ▾

＋ タスクを追加 　　⋮

○ 0329 業務清單修正 miche
　　0329 業務清單

○ 0329 3ヶ月先の企画書について shim kida miche
　 ✉ 0329 3ヶ月先の企...

○ 0329 環境整備 miche
　 ✉

②點選任務的相關郵件icon

❹提醒任務期限已到

0329 業務一覧デバッグ miche　　🖨 ☑

D 受信トレイ ×

岡田充弘 ×　　　　　　　　　2.19 (8 分前) ☆ ↩ ⋮
To 岡田充弘 ▾

133>共通>遠隔処理>遊戯>最終遠隔除>電源・周波
いつも送信している遠隔メールは修正済でしたが
作業内容欄のみ未修正だったため、こちらから半田ごての項目を削除

■CNR業務一覧　経理関連
■CNR業務一覧　人事
今回変更なしです

＜ネクストアクション＞
0329 業務一覧デバッグ miche

■BCC業務一覧
150>共通>動記>勤務時間
163>共通>廃家>掃除・清掃
・「3等速」(火) 「諸事情」「掃除」を9:00~9:30に変更

開啟任務相關郵件，直接編寫提醒郵件並傳送→在完成之前，於同一封郵件繼續任務管理

　　加入清單的任務，是可以按照順序排列的，只要按Ctrl
＋Shift＋↑↓，就可以按照期限的順序進行排列。

　　如果期限過了，仍然沒有收到對方的回應，就點選任務
上的郵件連結，打開當初交付任務的郵件，直接編寫提醒郵
件，傳送給被委託人。

　　徹底運用的話，從任務的開始到交付、管理和提醒，這
項組合工具可以全部包辦；理論上，應該不會很容易漏東漏
西了。

　　**當然，使用別的工具也可以，就算不用那些昂貴又複雜
的工具，如果能在一定的規則下簡單、正確地活用，應該可
以大幅減少時間管理方面的困擾了。**

50. 無法活用零碎時間
⇨ 事先決定零碎時間要做什麼事，建議可以拿來處理郵件

51. 工作經常退回重做
⇨ 承接工作時，一定要確認工作的「目的」和「目標」

52. 制定好的計畫總是延宕
⇨ 從整體的工程來逆推各項工作目標，然後預留緩衝的餘地

53. 狀況百出，一直需要救火
⇨ 事先排除妨礙計畫的因素，預先想好遇到「最糟情況」的替代方案

54. 分不清楚什麼事該做、什麼事不該做，甚至因此超時工作
⇨ 要有做或不做的判斷基準，為時間和勞力做最佳的分配利用

55. 舉棋不定，遲遲無法下決定
⇨ 不要衍生太多選項，要有判斷基準，並且適時善用直覺

56. 不擅長任務管理，經常漏東漏西
⇨ 任務可用 Gmail 和 Google Tasks 連動管理

不花錢就讓公司電腦擁有超高效率

電腦設定篇

多餘的視覺效果
讓電腦運作變慢

「明明買了最新型的電腦，怎麼感覺起來，好像也沒有比以前快多少？」

「公司電腦慢得不得了，根本沒辦法工作嘛！」

有這種煩惱的人應該不少吧？

就算自己的工作速度很快了，電腦卻慢吞吞的話，工作成效就會下降。因為設備不給力，讓加班變多了或工作延遲，那可真是悶到不行！

不過，公司配的電腦，也是不能隨便要求更換的，但其實這類問題，都可以自己先設法解決看看。為了吸引初用者，電腦一般在初始設定時，都加了很多視覺效果，但這類設定卻很占記憶體，讓電腦跑得很慢。

把電腦一些不必要的視覺效果關掉，就能增加記憶體，就算不安裝加速軟體，也可以讓電腦跑得更順暢。

在這裡，我簡單跟大家分享兩種方法，說明如何關掉無用的視覺效果，讓電腦發揮最大效能。

● 檢視電腦的效能設定

首先，我跟大家說明如何檢視Windows標準的效能設定，做法簡單到讓你吃驚喔！

　　「開始」→在「搜尋應用程式和文件」的方塊打上「系統」→選擇「進階系統設定」→「系統內容」的「進階設定」標籤→點選「效能」欄的「設定」→「效能選項」的「視覺效果」標籤→點選「調整成最佳效能」→點選「自訂」，再點選下列兩項，按「確定」。*

☑ 顯示縮圖而非圖示
※ 在資料夾顯示資料的縮圖
☑ 去除螢幕字型毛邊
※ 字型更易閱讀

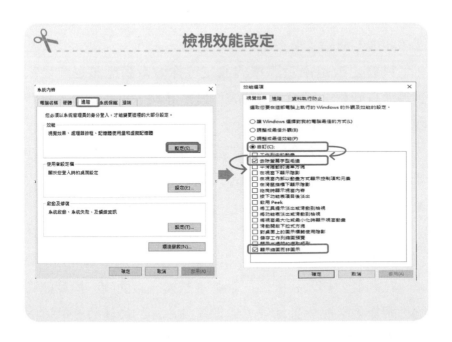

檢視效能設定

---

* 不同版本，設定程序可能略有不同，也可再由網路查詢相關操作。

● 簡化開始功能表

第二，要如何把開始功能表，改成舊 Windows 作業系統的簡潔風格？這項操作要先安裝「Open Shell」的免費工具。

安裝完畢，在「開始」處按滑鼠右鍵，選擇「設定」，然後就可以打開 Open Shell 的「經典開始功能表設定」的視窗。

從「開始功能表樣式」標籤，選擇 Windows 7 等舊版樣式，然後按「確定」，開始功能表就會變成舊版的簡潔風格。

然後，在桌面上點選滑鼠右鍵→「個人化」→從功能表選擇「色彩」→到「其他選項」把透明效果點選關閉，就可以減少裝飾效果，進一步提升電腦效能。

我是這樣設定的，除了電腦速度變快，作業效率也提升了，非常推薦給大家！

只要更改這兩項簡單的設定，你的電腦應該也會變快到讓你有感覺。反正，這些方法既不花錢，也花不了多少時間，請大家一定要試試看。

此外，有些人會把游標設定成可愛圖樣，或是選擇一些新奇的配置，為了避免多餘占用電腦的記憶體，我再介紹大家一個簡化電腦設定的方法。

「開始」→「控制台」→「滑鼠」→「指標標籤」→在「配置」欄選擇「無」→按「確定」

在我們公司，我們都把電腦桌布換成素面的，盡量把電腦的視覺效果簡化到極致，以期達到電腦的最佳效能。這個方法不花一毛錢就能做到，請大家試試看。

利用Open Shell，把開始功能表改成舊版的簡潔風格

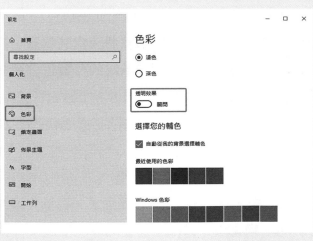

不必要的開機軟體或常駐軟體，讓電腦的啟動變慢

有了新電腦，心情總是很雀躍期待吧！我也是一樣。

把電腦從紙箱取出的瞬間、插上電源的瞬間，那種興奮期待的心情，只要想到接下來將會開啟什麼樣的冒險，我就完全無法冷靜下來，連我都覺得自己的反應很誇張。

不過，就像被狠狠潑了一把冷水，剛買來的電腦，竟然設定了很多不必要的開機軟體或常駐軟體。我想，很多人應該都沒有意識到，就跟前文提到的初始設定一樣，這些常駐軟體也是造成電腦啟動或運作變慢的罪魁禍首。

如果關閉這些不必要的開機軟體或常駐軟體，作業系統啟動的時間就會縮短，後台管理系統的負擔也會減輕，應用程式或電腦跑起來才會快速、不卡卡。

接下來，我想介紹大家五種關閉不必要軟體的方法。*

❶ 將不必要的啟動程式設定為停用

按 Ctrl ＋ Shift ＋ Esc 打開工作管理員→點選「開機」標籤→在「狀態」列當中，選擇不必要的「已啟用」程式→點選

---

* 不同版本，程序或許略有不同，也可再由網路查詢相關操作。停用、移除不必要的程式或捷徑，這項原則也適用於 iOS 和手機，有助於減輕系統負擔。

滑鼠右鍵→「停用」

　　這樣在啟動Windows時，不必要的程式就不會在後台管理系統開啟。

❷ 從啟動資料夾移除不需要的捷徑

　　「開始」→「所有應用程式」→「啟動」→移除不必要的捷徑

　　這樣在啟動Windows時，不必要的程式就不會開啟，也不會顯示在工作列。

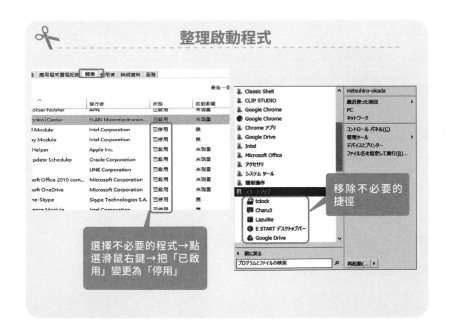

整理啟動程式

選擇不必要的程式→點選滑鼠右鍵→把「已啟用」變更為「停用」

移除不必要的捷徑

❸ 檢視系統設定的服務選單

「開始」→「搜尋應用程式和文件」→輸入「系統設定」然後選擇→顯示系統設定程式→移除「服務」標籤 不必要的項目（我本身是移除 Windows Search、Adobe 或 Apple 類型的程式）→「確定」

透過這些設定，就可以停用平常在後台管理系統運作的不必要程式（請小心選擇停用的程式）。

❹ 關閉開機和關機音效

「開始」→「控制台（Windows + Pause → Back Space）」→「音效」→「聲音」標籤→在「音效配置」欄選擇「無音效」→取消勾選「播放 Windows 啟動音效」→「確定」

這樣就可以關閉 Windows 的開機和關機音效。

❺ 從工作列結束不必要的程式

到工作列找到不必要的程式，點選滑鼠右鍵→「關閉視窗」，這樣就可以從工作列關閉占用記憶體的程式。

如果可以事先調整這類設定，在 Windows 開機和重新開機時，應該可以明顯感覺到電腦變快了。

加快電腦速度的簡單設定

❸ 檢視系統設定的服務選單

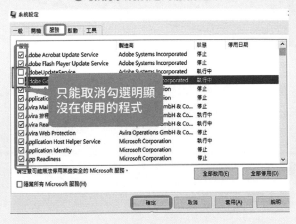

只能取消勾選明顯
沒在使用的程式

❹ 關閉開機和關機音效

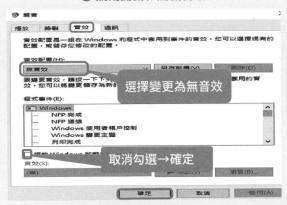

選擇變更為無音效

取消勾選→確定

❺ 從工作列結束不必要的程式

電腦塞了太多
不必要的軟體

　　我請商務人士讓我看看他們正在使用的電腦，我發現很多人竟然不記得自己的電腦安裝了什麼東西，還要一直安裝更多軟體。

　　我想，他們應該是希望電腦用起來更方便吧？但是，如果安裝太多軟體，當然會給CPU和記憶體帶來很大的負擔，反而會讓電腦變慢。

　　此外，電腦卡卡的時候，不僅要花很多時間查明原因，系統還會一直跳出更新版本的提醒，結果反而必須處理更多麻煩的問題。電腦更新需要花費很多時間重新安裝軟體或轉移資料，這也是IT環境難以革新的原因之一。

● 把使用的軟體精簡到最少

　　使用太多軟體，每個軟體的用途卻一知半解，這也是問題之一。

　　比方說，我們覺得「如果有的話，不知該有多好！」的功能，搞了半天，其實電腦本身就內建了相關功能。類似的情形，其實還真的不少。

　　為了避免這種狀況，我建議大家把電腦軟體精簡到最少。

公司用的電腦和個人使用的電腦，或許狀況不一樣吧。不過，在可能的範圍內，我們可以透過「最近一年的使用頻率」、「替代方法的有無」、「是否容易再次取得」的原則加以精簡。

遇到自己不熟的軟體，建議可以上網查詢看看，再謹慎決定是否刪除。

● **慣用通用軟體**

有些人會用連聽都沒聽過的奇怪軟體，當然他們或許有自己的理由吧，但我不建議大家這麼做。

我說的「奇怪軟體」，就是很少人在用的軟體。除了必須擔心供應商隨時可能倒閉，也由於使用者很少，所以你在網路上，也找不到什麼人分享心得或技巧。基於這些缺點，我才會不推薦大家使用。

如果只從「價格」和「便利性」兩點來選擇軟體，後續的延續性或擴充性，可能就會有所不足。

選擇軟體，還要考慮第三點，也就是「通用性」。我平常使用的軟體，都是世界通用的軟體，或是已經獲得一般大眾接受的業界標準（實質標準）軟體。

所謂「通用軟體」，以作業系統來說，就是Windows，Office軟體就是Microsoft Office。**長期而論，熟用這些通用軟體或業界標準軟體，獲得的效益會大上許多。**

更新後，電腦變慢

　　使用電腦作業時，有時會跳出要你更新軟體的提醒。大部分的更新都是有意義的，但是有些更新會讓你的電腦變慢，或是運作變得卡卡的。

　　尤其是最新發布的更新，往往有很多錯誤，如果直接更新，很可能會因為程式錯誤而引發當機或不相容。

● 了解更新的用意

　　電腦更新大致上有三種目的，那就是「強化電腦的安全性」、「修正錯誤」和「提升功能」。

　　執行「強化安全性」的更新後，每次連結程式時，防毒軟體就會在後台執行掃描，往往會讓啟動變慢。

　　最近，系統更著重加強伺服器、網路和網頁瀏覽器的安全性，如果是正常使用，就不需要特別依賴程式的個別處理或專用的防毒軟體，那就不一定得更新了吧。

　　「修正錯誤」和「提升功能」的更新，很多都是製造商自行推出的更新，也包含了實用性和必要性較低的更新。

　　實際上，我有好幾次因為剛推出的更新不夠完善，與電腦系統不相容，導致更新之後，部分電腦功能無法運作。

　　之後，製造商再發布了新的更新軟體，才總算把問題解決

了。不過，光是研究、處理問題，就不知道耗掉了多少時間。

　　確實了解更新的用意，就可以避免進行一些會讓電腦變慢的不必要更新。在你進行更新之前，請先稍微了解一下，或是請教公司的MIS比較安全。

　　此外，為了解決電腦卡卡的問題，想要解除已經更新或安裝的程式，可以採取下列的做法。

● **想要解除不用的程式**

　　「開始」→「控制台」→「程式和功能」→選擇不需要的程式→「解除安裝」

✂ **解除不用的程式**

開始→控制台→程式和功能→選擇不需要的程式→
解除安裝

● 想要移除不需要的更新程式

不需要的更新程式，可以透過下列方式移除。

「開始」→「控制台」→「程式和功能」→檢視已安裝的更新→選擇刪除的項目→「解除安裝」

在選擇刪除的項目時，請三思而後行，因為刪錯項目，可能導致功能故障。如果有想要刪除的程式，在刪除之前，應該充分確認後再執行。

✂ 移除不需要的更新程式

開始→控制台→程式和功能→檢視已安裝的更新→
選擇刪除的項目→解除安裝

台 › 程式集 › 程式和功能 › 已安裝的更新

> ### 解除安裝更新
>
> 若要解除安裝更新，請從清單選取更新，然後按一下 [解除安裝] 或 [變更]。

組合管理 ▼　解除安裝

名稱	程式
Microsoft Office Professional Plus 2010 (94)	
Update for Microsoft Office 2010 (KB2553347) 32-Bit Edi...	Microsoft Office Prof...
Update for Microsoft OneNote 2010 (KB2956075) 32-Bit ...	Microsoft Office Prof...
Update for Microsoft Office 2010 (KB2553347) 32-Bit Edi...	Microsoft Office Prof...
Security Update for Microsoft Office 2010 (KB4011610) 3...	Microsoft Office Prof...
Security Update for Microsoft Office 2010 (KB3213626) 3...	Microsoft Office Prof...
Security Update for Microsoft Office 2010 (KB2956076) 3...	Microsoft Office Prof...
Update for Microsoft Office 2010 (KB2553140) 32-Bit Edi...	Microsoft Office Prof...
Security Update for Microsoft Office 2010 (KB4022206) 3...	Microsoft Office Prof...
Update for Microsoft Office 2010 (KB2553347) 32-Bit Edi...	Microsoft Office Prof...
Update for Microsoft Office 2010 (KB2553347) 32-Bit Edi...	Microsoft Office Prof...
Update for Microsoft SharePoint Workspace 2010 (KB27...	Microsoft Office Prof...
Update for Microsoft Office 2010 (KB2589352) 32-Bit Edi...	Microsoft Office Prof...
Security Update for Microsoft InfoPath 2010 (KB3114414)...	Microsoft Office Prof...
Update for Microsoft Office 2010 (KB3054886) 32-Bit Edi...	Microsoft Office Prof...
Update for Microsoft Filter Pack 2.0 (KB2999508) 32-Bit E...	Microsoft Office Prof...
Update for Microsoft Office 2010 (KB2553347) 32-Bit Edi...	Microsoft Office Prof...
Security Update for Microsoft OneNote 2010 (KB311488...	Microsoft Office Prof...
Security Update for Microsoft Office 2010 (KB2553313) 3...	Microsoft Office Prof...
Update for Microsoft Office 2010 (KB2553347) 32-Bit Edi...	Microsoft Office Prof...
Update for Microsoft Office 2010 (KB2553347) 64-Bit Edi...	Microsoft Office Prof...

 Microsoft　程式名稱：　Microsoft Office Prof... 支援連結：　http://support.micro
　　　　　　　　　　　　說明連結：　http://support.micro...

鍵盤、滑鼠不聽使喚

　　有時會看到某些人在那邊連續按好幾次空白鍵，或是上下左右鍵來移動游標，這些動作看起來感覺很弱，但其實是有原因的。

　　電腦的初始設定，從輸入到顯示出來，通常會有一些延遲，想要快點輸入的話，很容易就會禁不住連續按好幾下。

　　其實，只要調整相關設定，輸入瞬間就能夠打出文字，讓鍵盤和滑鼠的操作變得流暢無比。

❶ 讓鍵盤操作更順暢

　　「開始」→「控制台」→「鍵盤」→「內容」→「速度」→把「重複延遲」和「重複速度」調到最右→「確定」

❷ 讓滑鼠游標移動得更快

　　滑鼠使用的情形和鍵盤使用的情形是差不多的，如果游標無法即時跟上滑鼠的動作，很多人就會開始煩躁。

　　出廠時，滑鼠游標的移動速度，被預設為慢速，這也可以到「控制台」調整。

「開始」→「控制台」→「滑鼠」→「內容」點選「指標設定」→到速度欄位調整「選取指標移動速度」

嫌滑鼠游標跑得太慢的人，請一定要試試看。

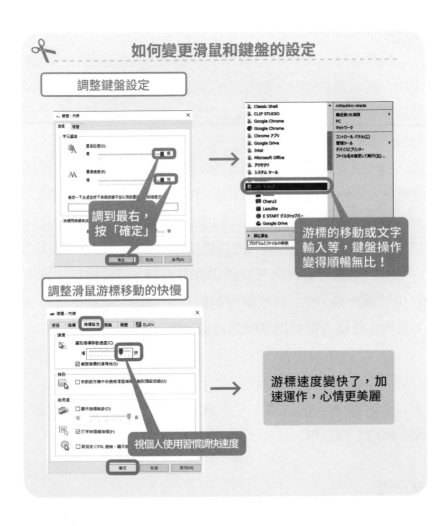

如何變更滑鼠和鍵盤的設定

調整鍵盤設定

調到最右，按「確定」

游標的移動或文字輸入等，鍵盤操作變得順暢無比！

調整滑鼠游標移動的快慢

視個人使用習慣調快速度

游標速度變快了，加速運作，心情更美麗

電腦或 Wi-Fi 的速度很慢

現代社會，大家都知道IT很重要，但是當我造訪一些公司時，卻看到他們長年使用老舊電腦、過時軟體或很慢的網路。我不知道他們究竟是節省成本，還是資金不足，我只知道他們會因此錯失許多良機。

我一直覺得IT就像心智的腳踏車，就像光靠雙腳跑不贏腳踏車，我們可以高度期待IT為人類帶來知識生產力的提升。

尤其是IT設備，只要妥善更換，就可以確實提升一定程度的生產力，這種高投資報酬率根本相當罕見。

舉例來說，購買處理效能很快的電腦，只要把以往等待的10秒縮短為5秒，效率就等於提升了兩倍。就算不實施員工訓練，任何人都可以享受到這個好處。

如果你是公司經營者，或任職於總務部門，請一定要考慮投資IT相關領域。針對個人，我也是一樣的建議。

這裡說的「IT設備」，大致上是指「硬體」、「軟體」和「網路」這三項。

● 硬體

「硬體」，主要是指電腦或智慧型手機，規格愈高當然愈好。不過，就智慧型手機來說，由於產品汰換率很高，上市

一年左右的舊機型，即便是中古機，也都還非常堪用。

　　電腦的CPU和記憶體，尤其會影響到處理效能。如果你不知道如何選擇，建議不要太受到價差影響，可以的話，選擇高規格的產品比較好。

● **軟體**

　　至於「軟體」，不同行業或職務，使用的軟體差異可能很大。但如同我剛才說的，建議不要只考慮價格或功能，也要考慮處理效能、操作便利、相容性，以及使用人數的多寡等，從更廣泛的角度選擇才好。

　　在我們公司，使用的大概是下列這幾種軟體。

- **作業系統**：Windows10 Pro
- **Office軟體**：Microsoft Office
- **會計軟體**：彌生會計
- **創意工具**：Adobe CC
- **PDF**：Adobe Acrobat
- **瀏覽器**：Chrome
- **郵件軟體**：Gmail
- **聊天工具**：Skype 或 Messenger

　　我們盡量使用業界標準的軟體，或是高普及率的軟體。

● 網路

「網路」的速度，對生產力有絕對的影響。最近，除了光纖網路，連價格便宜的無線路由器也強化性能，正好可以考慮升級。

我以前外出時，都是隨身攜帶路由器，現在有付費的公共無線網路服務和手機的網路共享，可以讓我安心使用。

為了享受高速的IT環境，投資是不可避免的。當生產力確實提高了，你們手邊就會多出很多時間，把這些時間換算成人事成本，我想應該就會發現投資馬上就回收了吧。

我聽過有人抱怨IT設備太慢，沒聽過有人抱怨太快的。無論公司或個人，或許都有預算的考量。但是，強烈建議大家，在許可的範圍內，請一定要逐步建立高速的IT環境。

第 7 章總結

57. 多餘的視覺效果讓電腦運作變慢
⇨ 檢視 Windows 的設定，簡化開始功能表

58. 不必要的開機軟體或常駐軟體，讓電腦的啟動變慢
⇨ 停用不必要的開機程式或音效

59. 電腦塞了太多不必要的軟體
⇨ 精簡使用軟體，並且選擇通用軟體

60. 更新後，電腦變慢
⇨ 了解更新的用意，不隨便更新

61. 鍵盤、滑鼠不聽使喚
⇨ 縮短鍵盤的反應速度，加快滑鼠游標的移動速度

62. 電腦或 Wi-Fi 的速度很慢
⇨ 投資硬體、軟體和網路

第8章

如何立馬取得想要的資訊
資訊搜尋篇

開啟搜尋工具
耗掉不少時間

現在變化迅速，學會及早取得所需的資訊，非常重要。如果能夠善用搜尋工具，就不用把資訊都記下來了，就可以更輕鬆全力投注在工作中。

不過，我發現仍然有非常多的人，沒能享受到這項好處。在想要知道某件事物的當下，如果沒辦法馬上搜尋，就會產生「那就算了吧！」的想法，然後就此放棄。

為了避免這種情形，在這裡我想介紹三種方法給大家，幫助大家在需要、想要時，都能夠快速搜尋。

❶ 使用網址列

這是最普通的方法，在網頁開啟的狀態下，只要按 Alt ＋ D，* 游標馬上就會移到網址列。你只要輸入關鍵字，按下 Enter，就會顯示搜尋結果。

❷ 使用網頁搜尋工具「ESTART 桌面搜尋列」

下載安裝「ESTART 桌面搜尋列」這項免費工具，只要連按兩次 Ctrl 鍵，就可以馬上打開桌面搜尋列，輸入關鍵字後，就可以進行搜尋。

---

* 作業系統不同，使用的瀏覽器不同，快捷鍵組合也會有所不同。也可以先點選工具列，看一下上面的快捷鍵標示。

這項搜尋工具不只適用於Google，也適用於YouTube、Amazon或Twitter。在搜尋欄位輸入關鍵字，然後按Alt＋↑↓進行選擇，再按Enter，就可以顯示搜尋結果了。這項工具不需要個別開啟頁面，真的很方便。

網頁搜尋工具「ESTART桌面搜尋列」

設定後，連按兩次Ctrl鍵，畫面就會出現搜尋列。輸入關鍵字，按Alt＋↑↓選擇搜尋工具→Enter（圖像是選擇Google搜尋）

❸ 使用檔案搜尋工具「Everything」

在所有搜尋工具裡，我最愛用檔案搜尋工具「Everything」，可到這裡下載：voidtools.com。

只要預先設定啟動的快捷鍵（我是設定Shift＋F1），馬上就可以搜尋電腦裡的檔案。

檔案搜尋工具「Everything」

輸入關鍵字，馬上就會顯示相關檔案

只要活用這三種類型的工具，除了郵件，幾乎所有的狀況，都可以馬上進行搜尋。

出現一大堆不準確的
搜尋結果

　　Google提供的服務，對全球各地的人來說，已是不可或缺的社會財了。

　　對於從事腦力工作的人來說，善用Google查詢各種資料，真的太重要了。

● 如何大幅提升Google搜尋結果的準確度

　　提到Google搜尋，絕大部分的人可能都會認為「誰不會啊？」

　　但是，日常使用Google來搜尋資料，卻出現很多不相干的結果。結果花了不少時間，才找到自己想要的資料，想必大家都有過這樣的經驗吧？

　　這個問題，跟搜尋引擎的精準度沒有關係，問題是出在使用者身上。

　　要從茫茫網海中，找到真正想要的資料，應該從設定正確的關鍵字下手。如果你的關鍵字設定得很精準，搜尋引擎馬上就可以幫你找到你想要的搜尋結果。

　　這裡介紹大家幾個代表性的設定技巧。

< A（空白鍵）B >

　　這項設定，就是要搜尋包含 A、B 兩個關鍵字的資料。

　　在 Google 搜尋裡，這是最基本的搜尋方法，專門搜尋符合特定多筆條件的資料。

< A（空白鍵）or（空白鍵）B >

　　這項設定用於搜尋包含 A 或 B 任一關鍵字的資料。想要擴大搜尋更多資料，這個方法應該最合適。

< A（空白鍵）-B >

　　這項設定就是從 A 的搜尋結果當中，去除包含 B 關鍵字的資料。

　　從可能出現多餘搜尋結果的情況，預先排除一些資料，可以提高搜尋的準確度。

< "A" >

　　把搜尋字串用「"」（雙引號）符號框起來，搜尋結果就會顯示與 A 關鍵字完全一致的資料。

　　這項設定適用於搜尋類似專有名詞的特定關鍵字，或是論文資料的文章內容。

< A 是什麼 >

　　在 A 的關鍵字後面，打上「是什麼」，就會出現解說該文字詞語的搜尋結果。這個方法輕鬆就能查到想知道的文字詞語的意思，我很常用。

搜尋關鍵字的設定技巧

名稱	內容	範例
AND 搜尋	＜A（空白鍵）B＞	解謎 活動 （※ 約有 9,940,000 項結果）
or 搜尋	＜A（空白鍵）or （空白鍵）B＞	解謎 or 活動 （※ 約有 1,810,000,000 項結果）
排除搜尋	＜A（空格鍵）-B＞	Black_cats_cube - 宅配
完全一致搜尋	＜"A"＞	"Black_cats_cube"
搜尋單字意義	＜A是什麼＞	解謎活動是什麼
萬用字元搜尋	＜A*＞	Black_cats_cube*

※2019.12.14 的搜尋結果

＜A＊＞

在A的關鍵字後面打上「星號」（＊），就會顯示不確定字元的相關搜尋結果，適用於只記得部分關鍵字。

隨著搜尋技術的發展，網路就像人類的外部記憶體，在日常中愈來愈重要。

只要花點時間學會善用搜尋工具和設定關鍵字，搜尋能力就能有所提升。

大家平時一起勤練搜尋技巧吧！

契約書或制式文件，
都自己從頭製作

即使網路和資訊系統如此普及，與交易對象之間，往往仍需要簽訂契約書，或是對政府機關，也必須遞交一些申請文件。

在業務上，現在仍有不少必要的文件資料。這些文件資料，如果在需要時，都從頭製作或寫起，不僅相當耗時，還很容易發生疏漏，或是發生一些不一致的情況。

● 文件資料不要自己從頭製作，先搜尋範本

因此，我跟大家介紹用Google搜尋特定檔案格式的方法。

方法非常簡單，只要在搜尋欄位輸入「filetype:（副檔名）（空白鍵）（文件名稱）」這樣的字串就可以了。

「副檔名」只要指定下列各種格式，就可以進行搜尋了。

- Word檔：doc或docx
- Excel檔：xls或xlsx
- PPT檔：ppt或pptx
- PDF：pdf
- 照片：jpg

　　舉例來說，打上「filetype: docx 業務委託契約書」進行搜尋，就可以找到很多有助於製作契約書的範例。

　　想要取得像社會保險的「被保險人投保資料表」等制式文件，我很建議你使用這樣的搜尋方法。

　　此外，在「filetype:」左側打上連字號（-），變成「-filetype:（副檔名）（空白鍵）（文件名稱）」，就會顯示排除掉指定條件的搜尋結果。

　　我很常使用「filetype:」來搜尋各種文件，例如：合約或保險書等制式文件、報價單和帳單等常用單據，或是決算書表、有價證券報告書、論文或簡報資料類的一般公開文件。

　　我得提醒大家一件事，那就是有些檔案可能是禁止轉載的文件，請大家務必注意著作權的問題。

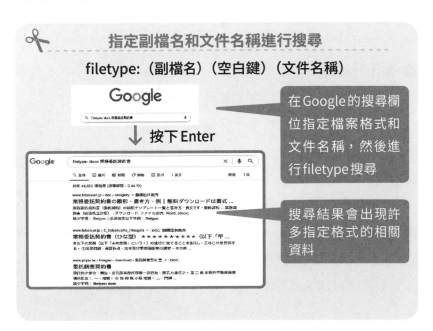

✂　　　　**指定副檔名和文件名稱進行搜尋**

filetype:（副檔名）（空白鍵）（文件名稱）

在 Google 的搜尋欄位指定檔案格式和文件名稱，然後進行 filetype 搜尋

搜尋結果會出現許多指定格式的相關資料

除了搜尋，不知道Google
還有什麼其他功能

「你知道Google可以用來做什麼嗎？」

「不是用來搜尋資料的嗎？」

很多人都認為Google的功能，只是用來搜尋資料而已。

當然，這麼說也沒錯，但Google的功能可不只如此而已，它的用途可是很廣泛的。

如果要一一說明，可能三天三夜也講不完吧。在這裡，我就針對我最愛用的四種功能，跟大家簡單介紹一下，這些功能讓我周圍的物品減少了許多呢！

● 當作計算機

你知道Google可以拿來當作計算機使用嗎？

不需要特地從抽屜拿出計算機，或是打開電腦或手機的應用程式，只要利用網頁瀏覽器的搜尋欄位，就可以簡單做計算囉。

方法非常簡單，在Google的搜尋欄位，或是Chrome的網址列輸入「15000*1.1」之類的算式，然後按Enter，就會立刻顯示運算結果（*代表×）。

從我知道這項功能以後，我就不大用計算機了。

● 換算單位

工作時，總會遇到需要換算單位吧。這種時候，只要透過Google，就可以輕鬆進行單位換算。

比方說，如果要把美金換算成日圓，就輸入「100美元等於多少日圓」，如果要把公噸換算成公斤，就在搜尋欄位打上「10公噸等於幾公斤」，再按Enter，就會出現答案了。

Google可以換算的單位非常多，有溫度、長度、質量、速度、體積、面積、時間、燃料和年分日期等。

如果我臨時要換算貨幣或用地面積，經常求助Google大神。

● 充當翻譯機

Google還可以拿來充當翻譯機呢！很多人應該都知道「Google翻譯」這項功能吧。如果是簡單的詞彙，甚至不需要透過Google翻譯，直接在搜尋欄位上輸入，就可以查詢了。

使用方式非常簡單。比方說，如果要把英語翻譯成日語，就輸入「英和（空白鍵）（英文單字）」，然後按Enter，就會出現日文翻譯。

如果你打上「和英（空白鍵）（日語）」，然後按Enter，系統就會幫你把日語轉成英語。

點擊「聆聽」（🔊）符號，Google就會唸給你聽，對語言學習也是非常方便的。

推薦大家使用的幾種 Google 便利功能

當作計算機

換算單位

充當翻譯機

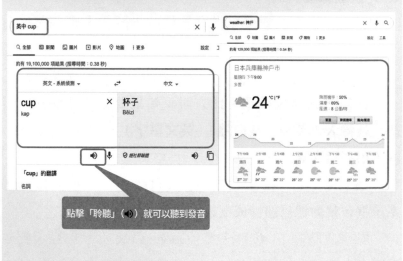

點擊「聆聽」(🔊) 就可以聽到發音

查詢天氣預報

● 查詢天氣預報

Google 竟然還可以直接查詢天氣預報！

舉例來說，我想查詢神戶的天氣時，就輸入「weather：神戶」，然後按Enter，就會出現神戶一週的天氣和氣溫預測。

我平常是下雨也不帶傘的那種人，只有在我的興趣鐵人三項比賽之前，由於想要了解競爭條件，才會使用這項功能來確認天氣。

除了這幾項功能，Google 其實還有很多鮮為人知的便利功能喔！有空的話，不妨可以研究看看。

請你也找出對自己有用的功能，讓工作或生活變得更輕鬆吧！

想找歷史郵件內容，
一封一封瀏覽尋找

　　想找過去的郵件確認來往過程時，很多人都是從大量
的郵件，一邊滾動滑鼠，大費周章，一封一封尋找。或許，
有人會質疑：「現在還有人這樣做嗎？」實際上，還真的有
呢，可能不少。

　　我在這裡就跟大家介紹一下，簡單查詢過去郵件的郵件
搜尋功能吧。或許，你會發現一些自己不知道的功能喔！

● 透過搜尋功能找出目標郵件

　　不同的郵件程式，有不同的搜尋方法。在這裡，我以常
用的Gmail為例進行說明。一般來說，Gmail都是利用畫面中
央上方的搜尋欄位進行搜尋的。

① 按下「／」，游標就會移動到搜尋欄位。

② 在搜尋欄位，根據下列規則輸入條件，按下Enter，就會
　 列出搜尋結果。

- **指定寄件者然後進行搜尋：from：（郵件信箱）**
　　※ 應用實例：from:me（寄件者為自己）

- **指定收件者然後進行搜尋：to：（郵件信箱）**
　　※ 應用實例：to:me（收件者為自己）

- **指定主旨內含的字句：subject：（關鍵字）**

- **郵件本文中的內容搜尋：與前述的Google搜尋一樣的操作方式**

　　如果要進行更精確的搜尋，就從搜尋欄位右側的「顯示搜尋選項」，設定搜尋日期範圍、附件的有無等詳細的搜尋條件。

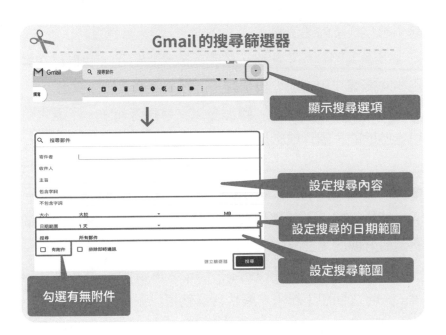

　　只要習慣郵件搜尋，你就會覺得很簡單。不過，相較於一般的Google搜尋，大家好像對郵件搜尋的方法興趣缺缺的樣子，這樣一來，就無法有效活用郵件資產了呢。

　　請大家一定要熟悉郵件搜尋的方法，這樣才能快速從眾多郵件中，找到自己想要的資料。

因為想不起名稱，
就放棄搜尋

　　想要找某項資料時，有時會發生「腦袋想得到畫面，卻想不起名稱」的情況吧。

　　很多人因為想不起來，乾脆就放棄搜尋了。我自己在發現相關搜尋技巧之前，也是錯失了好幾次寶貴的機會啊。

　　Google的搜尋功能，雖然多以文字搜尋為主，不過也可以透過地圖、圖片或影片等其他形式顯示搜尋結果。

● 想不起名稱，就用圖片搜尋

　　圖片搜尋，一般都用於查找圖片吧。其實，圖片搜尋還有其他方便的用法喔！

　　比方說，電影演員的名字，或是電器產品的類型名稱等，一時之間想不起來，圖片搜尋就可以派上用場。

　　具體的做法，就是在搜尋欄位裡，輸入想要查找的名稱關鍵字，然後在搜尋的選項點選「圖片」。

　　大多數的情況，只要在搜尋結果中找一下，就可以找到想要查詢的目標圖片，點選該目標圖片，就可以進一步知道相關資訊。相關資訊的內容中，通常都會出現正式名稱，否則也可以點擊圖片下方的連結，從圖片出處的頁面查找資料。

想不起查詢關鍵字時（範例）

❶ 透過相關字進行圖片搜尋

❷「啊！我就是要找這個！」，點擊圖片

❸ 查看圖片的標題，或是點擊圖片下方的連結，進一步找到目標資料

　　舉例來說，2019年上映的電影《小丑》（*Joker*），如果突然想不起男主角的名字，就可以用關鍵字「演員 小丑」去搜尋圖片，出現瓦昆・菲尼克斯（Joaquin Phoenix）的照片時，你會很高興心想：「對！對！就是這個人！」，再從該圖片進一步查詢資料就好。

　　除了人名或商品名，就連商店的名稱，我也是用「茶屋町 義式」等方式，找到我想要的資料。

　　人類的大腦，比起文字資訊，本來就更容易記住圖像或影片。

　　只要善用圖片搜尋，就可以快速找到目標資料，請大家一定要多多善用。

不會整理資料，
電腦檔案總是一團亂

　　急著要資料卻找不到，忘記資料存在哪裡，誰都有過這種急死人的經驗吧！我當然也有。

　　我看過那些說自己「不擅長整理資料」的人的電腦桌面，簡直驚人。一大堆檔案放得亂七八糟，凌亂分布就像銀河系。這樣的人，恐怕也是不會整理共用資料夾的，很多人都間接受害。

　　據說，我們一年當中，有超過150個小時都在找東西。每個人應該都希望不要浪費太多時間找東西，每天過得輕鬆、愉快吧。

● 根據 MECE 原則整理資料

　　我想推薦大家一種稱為「MECE」（Mutually Exclusive, Collectively Exhaustive）的「不重不漏」思考法。

　　這本來是諮詢業用於理解邏輯結構，或發現課題的分類方法，但是這個原則，也非常適用於整理電腦的文件或資料。

　　運用MECE的思考法整理資料夾時，重點就是遵守「同一個資料夾內，同一種類的原則」。這種家譜式的資料夾結構，讓人一目了然。

　　這種整理方式，也有利於察覺資料是否有遺漏或重複

的地方。想要新增資料夾時，只要按Ctrl＋Shift＋N就可以了，大家趕快把這個方便的快捷鍵記起來吧。

在還不習慣整理資料夾時，上層的資料夾要用「顧客」進行分類，還是用「商品」進行分類呢？你也許會對整理的分類產生疑問吧。不過，只要遵守「同一個資料夾內，同一種類的原則」，就可以按照目的彈性設定了。

整理資料夾這件事，除了單純的整理和分類，還可以鍛鍊自己的邏輯思考和結構性思考，可以說是很重要的經驗。請大家一定要勤於整理電腦的資料夾喔！

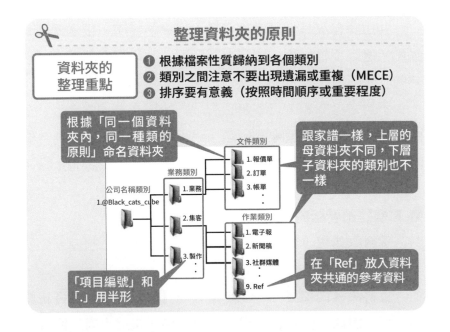

✂ **整理資料夾的原則**

資料夾的整理重點
❶ 根據檔案性質歸納到各個類別
❷ 類別之間注意不要出現遺漏或重複（MECE）
❸ 排序要有意義（按照時間順序或重要程度）

根據「同一個資料夾內，同一種類的原則」命名資料夾

跟家譜一樣，上層的母資料夾不同，下層子資料夾的類別也不一樣

公司名稱類別
1.@Black_cats_cube

業務類別
1.業務
2.集客
3.製作

文件類別
1.報價單
2.訂單
3.帳單
　:

作業類別
1.電子報
2.新聞稿
3.社群媒體
　:
9.Ref

「項目編號」和「.」用半形

在「Ref」放入資料夾共通的參考資料

找不到最新版的檔案，更新到舊的資料

「共用資料夾裡，有很多檔名看起來很像的檔案，到底哪一個，才是最新的檔案啊？」

「啊！我更新到的，不是最新版的檔案耶……。」

每個人都有過一、兩次這種慘痛的經驗吧？

我先前在重整地方的老字號企業時，他們的共用資料夾，就是給我這樣的感覺。

共用資料夾裡，大家都各憑喜好命名檔案，根本就是一團亂。每天都會發生一些誤會或問題，到現在我都還記得當時的心理壓力有多大。

不過這種問題，可不是只有地方特定企業才會發生，全國到處都可能發生這樣的問題。只不過老字號企業因為營業時間愈長，累積了愈多資料，於是愈可能發生這類問題。

● 哪個是最新版的檔案，檔名要讓人一目了然

資料的新舊，如果無法讓人馬上判別出來，對個人或公司來說，都是很大的風險。

資料夾裡的檔案，一定要讓人一看就知道哪個是最新檔案才行。因此，檔名也要跟資料夾一樣，根據「同一個資料夾內，同一種類的原則」來命名。

舉例來說，在我們公司，檔名都是按照「項目編號」、「類別」、「專有名詞」、「日期」、「版本No.」的形式，整齊排列在資料夾裡，方便辨識檔案的新舊或有無疏漏。

千萬不要複製檔案，到處貼到很多資料夾裡，這樣你之後就不知道哪個才是最新檔案，很容易發生打開哪個檔案，就更新哪個檔案的問題。

一旦出現這樣的問題，事後再進行修正、統整，就會難上加難。所以，檔案只要保留一件就好，建議可以視需求建立捷徑運用。

如果捷徑失效，可以點擊滑鼠右鍵→從內容的「目標」欄位輸入正確的存取位置。

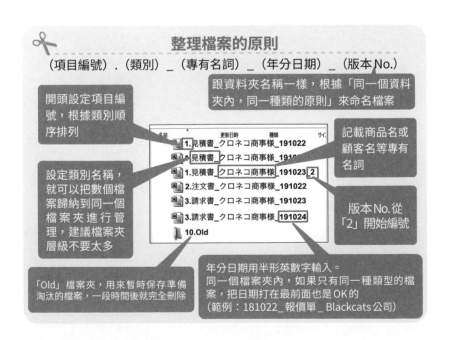

整理檔案的原則

（項目編號）.（類別）_（專有名詞）_（年分日期）_（版本No.）

開頭設定項目編號，根據類別順序排列

設定類別名稱，就可以把數個檔案歸納到同一個檔案夾進行管理，建議檔案夾層級不要太多

跟資料夾名稱一樣，根據「同一個資料夾內，同一種類的原則」來命名檔案

記載商品名或顧客名等專有名詞

版本No.從「2」開始編號

「Old」檔案夾，用來暫時保存準備淘汰的檔案，一段時間後就完全刪除

年分日期用半形英數字輸入。
同一個檔案夾內，如果只有同一種類型的檔案，把日期打在最前面也是OK的
（範例：181022_報價單_Blackcats公司）

249

雖然感覺起來多了一些設定的程序，但是總比你開到哪個檔案，就更新哪個檔案還好。相信我，你不會想要經歷這種惡夢的！

　　對了，日期的設定有兩種形式，一種是設在檔名一開頭，另一種是設在檔名最後。

　　同一個檔案夾內，如果只有同一種類型的檔案，把日期打在最前面也是OK的。反之，如果有很多種類的檔案，就把日期打在檔名最後，比較好整理。

　　總之，就是要遵照「同一個資料夾內，同一種類的原則」。

　　想想你的檔案要如何排序，制定適合的檔名規則吧。

第 8 章總結

63. 開啟搜尋工具耗掉不少時間
⇨ 善用「ESTART 桌面搜尋列」和「Everything」等免費工具

64. 出現一大堆不準確的搜尋結果
⇨ 學會設定關鍵字的技巧

65. 契約書或制式文件，都自己從頭製作
⇨ 善用「filetype:」的搜尋技巧，養成先找格式範本的好習慣

66. 除了搜尋，不知道 Google 還有什麼其他功能
⇨ 善用 Google 搜尋列，直接使用計算機、單位換算等多項便利功能

67. 想找歷史郵件內容，一封一封瀏覽尋找
⇨ 很多人竟然都不知道 Gmail 的搜尋功能，Gmail 用戶應該善用這項功能

68. 因為想不起名稱，就放棄搜尋
⇨ 可以先試著搜尋相關圖片，再透過圖片連結，進一步找到目標資料

69. 不會整理資料，電腦檔案總是一團亂
⇨ 根據 MECE 原則整理資料

70. 找不到最新版的檔案，更新到舊的資料
⇨ 檔名要有規則，讓人一看就知道哪個是最新版本

避免工作無效，把時間和心力
投資在兩件最重要的事

謝謝各位把這本書讀到最後。

這次的書名是《避免工作無效圖鑑》，所以我以「把潛藏在辦公室裡的無效行為，像抓 bug 一樣一一揪出來，試著用簡單的方法來解決問題」為題，寫下了這本書。

我本來以為，我已經非常了解職場上所有的無效行為，但其實在寫這本書的過程中，卻發現「這個世界上，竟然還有這麼多無效行為！」對我來說，這也是很新鮮、驚奇的體驗。

至今，我的書多是探討如何提升效率，或是去除無效行為。所以，初次見到我的人，多數都以為我一定是個一絲不苟、辦事俐落的人吧？其實，剛好完全相反。我是個很怕麻煩的人，做事也不是很有要領。

我超級笨手笨腳的，很多工作也處理得很沒效率。後來，我是借助 IT 的功能，以及一些小技巧，才慢慢提升做事效率的。

由於這樣的經驗，我可以告訴大家一件事，那就是能否察覺到無效行為，並且加以改善，不是取決於才能或性格，而是看你是否累積了正確的做事技巧！

也就是說，只要學會正確的做事技巧，就像鍛鍊肌肉一

樣，誰都可以有效提升成果，這點正是去除無效行為的引人之處。

去除了無效行為，才會創造出新的時間或金錢。這些「多出來」的時間或金錢，不同人會用於不同地方。我個人覺得，可以投資在「建立自我」和「建立信賴」上面。

和去除工作上的無效行為相反，在「建立自我」和「建立信賴」方面，多繞點遠路或多花點功夫，其實是無所謂的。因為有時候，繞遠路反而是抄近路呢！

實際上，在「建立自我」的過程中，會經歷很多次失敗。歷經好幾次失敗後，才能逐步接近更理想的自我。

「建立信賴」的祕訣，就是無論如何都要「實際去拜訪看看」、「見個面看看」和「嘗試一起共事」。除此之外，別無他法。

你或許經常覺得：「怎麼都不順利呢……」，但是不斷累積這樣的經驗，日後就會成為寶貴的資產。

因此，對於「建立自我」和「建立信賴」，請不必刻意強求效率。

我覺得，這世上最值得投資的，莫過於「建立自我」和「建立信賴」了。

因為社會上發生的事，以及你現在看到的各種存在，都是因為這兩項要素才得以成立的。

「無價值的無效行為」，我們一定要徹底去除，至於「有價值的費工行為」，我們就儘管投資下去。只要持續這項原則，不知不覺中，你的周圍自然就會形成良好的循環。

在這本書，我列出了 70 項在辦公室到處蔓延的無效行為。為了幫助大家避免工作無效，我嚴選一些較具實踐性的解決方法介紹給大家。

這些解決方法，都是大家可以通用，馬上就能執行的方法。也就是說，這些方法對任何人都是可行的，也能獲得相當效果。

我衷心希望能讓更多人知道這些避免工作無效的妙招，希望大家可以幫我多多推廣。

最後，我想感謝かんき出版社的重村先生，是他給我機會寫這本書的。

每天都致力於去除無效行為的 @Black_cats_cube 的各位員工們，以及於公於私都愉快地陪著我的朋友們，我由衷感謝你們。

憑我一己之力，雖然不可能改變整個世界，但是希望至少能夠照顧到我周圍的人，讓他們都很愉快。我期許自己每天精益求精。

只要學會正確的做事技巧，就可以有效提升成果
把時間和心力投資於有價值的事──建立自我和建立信賴，
你的周圍就會形成良好的循環

國家圖書館出版品預行編目（CIP）資料

避免工作無效圖鑑：超強社長的 70 個工作術／岡田充弘作；
賴詩韻 譯 . 第一版 . – 新北市：星出版，遠足文化發行，2020.10
256 面；14.8x21 公分 . – （財經商管；Biz 010）.

譯自：やめるだけで成果が上がる 仕事のムダとり図鑑

ISBN 978-986-98842-6-6（平裝）

1. 職場成功法

494.35   109014153

Star★ 星出版 財經商管 Biz 010

避免工作無效圖鑑
超強社長的 70 個工作術
やめるだけで成果が上がる 仕事のムダとり図鑑

作者 —— 岡田充弘
譯者 —— 賴詩韻

總編輯 —— 邱慧菁
特約編輯 —— 吳依亭
校對 —— 李蓓蓓
封面完稿 —— 陳俐君
內頁排版 —— 立全電腦印前排版有限公司

讀書共和國出版集團社長 —— 郭重興
發行人兼出版總監 —— 曾大福
出版 —— 星出版／遠足文化事業股份有限公司
發行 —— 遠足文化事業股份有限公司
　　　　231 新北市新店區民權路 108 之 4 號 8 樓
　　　　電話：886-2-2218-1417
　　　　傳真：886-2-8667-1065
　　　　email: service@bookrep.com.tw
　　　　郵撥帳號：19504465 遠足文化事業股份有限公司
　　　　客服專線 0800221029
法律顧問 —— 華洋國際專利商標事務所 蘇文生律師
製版廠 —— 中原造像股份有限公司
印刷廠 —— 中原造像股份有限公司
裝訂廠 —— 中原造像股份有限公司
登記證 —— 局版台業字第 2517 號

出版日期 —— 2020 年 10 月 07 日第一版第一次印行
定價 —— 新台幣 380 元
書號 —— 2BBZ0010
ISBN —— 978-986-98842-6-6

著作權所有　侵害必究

星出版讀者服務信箱 —— starpublishing@bookrep.com.tw
讀書共和國網路書店 —— www.bookrep.com.tw
讀書共和國客服信箱 —— service@bookrep.com.tw
歡迎團體訂購，另有優惠，請洽業務部：886-2-22181417 ext. 1132 或 1520

やめるだけで成果が上がる 仕事のムダとり図鑑 by 岡田充弘
YAMERU DAKE DE SEIKA GA AGARU SHIGOTO NO
MUDATORI ZUKAN
Text Copyright © Mitsuhiro Okada 2020
All Rights Reserved.
Originally published in Japan in 2020 by KANKI PUBLISHING
INC., Tokyo.
Traditional Chinese translation rights arranged with KANKI
PUBLISHING INC., Tokyo, through Keio Cultural Enterprise Co.,
Ltd., New Taipei City.
Traditional Chinese Translation Copyright © 2020 by Star Publishing,
an imprint of Walkers Cultural Enterprise Ltd.

新觀點
新思維
新眼界

Star
星出版